FORSCHUNGSBERICHTE DES LANDES NORDRHEIN-WESTFALEN

Nr. 1897

Herausgegeben im Auftrage des Ministerpräsidenten Heinz Kühn
von Staatssekretär Professor Dr. h. c. Dr. E. h. Leo Brandt

DK 677.862.551.001.5:677.31.027:547.
461.8'26:547.415.1:541.124:54-148

Prof. Dr.-Ing. Helmut Zahn

Dr. Mamoun Bahra

Deutsches Wollforschungsinstitut an der Rhein.-Westf. Techn. Hochschule Aachen

Reaktion aktivierter Sebacinsäureester mit Hexamethylendiamin in wäßrigen Emulsionen und deren Anwendung zur Antifilzausrüstung von Wolle

WESTDEUTSCHER VERLAG · KÖLN UND OPLADEN 1967

ISBN 978-3-663-06665-1 ISBN 978-3-663-07578-3 (eBook)
DOI 10.1007/978-3-663-07578-3

Verlags-Nr. 011897

Gesamtherstellung: Westdeutscher Verlag

Inhalt

1. Einleitung

E. L. Wittbecker und Mitarbeiter [1] beschrieben 1959 ein als »Grenzflächenpolykondensation« (interfacial polycondensation, IFP) bezeichnetes Verfahren zur Synthese von Kondensationspolymeren. Bei diesem Verfahren läuft die Kondensationsreaktion an der Phasengrenze zweier nicht miteinander mischbarer Lösungsmittel ab. So bildet sich z. B. an der Grenzfläche zwischen den beiden Lösungen Sebacinsäuredichlorid in Tetrachlorkohlenstoff und Hexamethylendiamin in Wasser Nylon 610. E. L. Wittbecker und Mitarbeiter [1] synthetisierten nach diesem Verfahren Polyamide, Polyurethane, Polysulfonamide und Polyester.
R. E. Whitfield, L. A. Miller und W. L. Wasley [2–9] verwendeten 1961 das IFP-Verfahren zur Filzfreiausrüstung von Wolle. Dabei wird mit einer wäßrigen Hexamethylendiaminlösung getränkte Wolle mit Sebacinsäuredichlorid in einem mit Wasser nicht mischbaren organischen Lösungsmittel behandelt. Der an der Phasengrenze Wasser/organisches Lösungsmittel gebildete Polyamidfilm maskiert die Schuppen der Faseroberfläche. Eine Folge davon ist die Reduktion des richtungsgebundenen Reibungskoeffizienten (directional frictional effect, DFE), welcher für das Filzvermögen verantwortlich ist.
R. E. Whitfield, L. A. Miller und W. E. Wasley haben Wolle nach dem Verfahren der Grenzflächenpolykondensation mit Polyamiden [2–3], Polyestern, Polyharnstoffen [5], Polyurethanen [4] und verschiedenen Copolymeren [6] ausgerüstet. Dabei ergab sich, daß die besten Antifilzeffekte mit Nylon 610 erzielt werden. Zur Erzielung eines ausreichenden Antifilzeffektes genügte eine Nylonauflage von 1 bis 2%. Die Wolle wurde bei der Behandlung nicht geschädigt, Reißfestigkeit und Reißdehnung nahmen sogar zu.
Das von R. E. Whitfield, L. A. Miller und W. E. Wasley ausgearbeitete Verfahren besitzt für die technische Durchführung der Filzfreiausrüstung einige Nachteile. Diese bestehen im wesentlichen in der Anwendung eines organischen Lösungsmittels, der Hydrolyseempfindlichkeit des Sebacinsäuredichlorids und der Veränderung des Warengriffes der ausgerüsteten Wolle. Es war daher sinnvoll, in Anlehnung an die Arbeiten von R. E. Whitfield, L. A. Miller und W. E. Wasley nach einem Verfahren zu suchen, welches die genannten Nachteile nicht aufweist.

2. Problemstellung

Die in der Einleitung genannten Nachteile des IFP-Verfahrens zur Antifilzausrüstung von Wolle mit Nylon 610 führten zu folgender wissenschaftlicher Fragestellung:

a) Gibt es aktivierte Sebacinsäurederivate, mit deren Hilfe es möglich ist, an Stelle der Lösung von Sebacinsäuredichlorid in einem organischen Lösungsmittel eine wäßrige Emulsion einzusetzen?
b) Reagieren derartige reaktive Sebacinsäurederivate in wäßriger Emulsion genügend rasch mit Hexamethylendiamin?

c) Lassen sich Nylon-610-Filme auf Wolle auch dann aufbringen, wenn man auf das herkömmliche Verfahren der Grenzflächenpolykondensation verzichtet?

Zur Lösung des in der ersten Frage gestellten chemischen Problems sollten eine Reihe von aktivierten Sebacinsäureestern synthetisiert werden. Zur Aktivierung der Carboxygruppen der Sebacinsäure sollten dieselben Hydroxy- und Mercaptoverbindungen erprobt werden, wie sie seit den Arbeiten von TH. WIELAND, R. SCHWYZER, M. BODANSZKY und R. A. BOISSONNAS in der Peptidsynthese angewendet werden. Ferner sollten die Geschwindigkeit der Reaktion der Ester mit Hexamethylendiamin unter verschiedenen Reaktionsbedingungen studiert sowie die erhaltenen Polymeren durch physikalisch-chemische Methoden charakterisiert werden. Unter den dabei gefundenen Optimalbedingungen sollten dann Strickstücke aus Wolle mit Nylon 610 ausgerüstet werden. Dabei interessierten einmal der erzielte Antischrumpfeffekt und zum anderen die bei der Ausrüstung eingetretenen Änderungen der chemischen und mechanisch-technologischen Eigenschaften der behandelten Wolle.

3. Durchgeführte Versuche und Ergebnisse

3.1 Darstellung von Nylon 610 aus aktivierten Estern der Sebacinsäure

Die Knüpfung der Amidbindung ist eine bimolekulare nukleophile Substitution, bei der sich das freie Elektronenpaar des Stickstoffs einer Aminogruppe an das positivierte C-Atom der Carbonylgruppe anlagert:

$$
\begin{array}{ccccccccccc}
X & & X & & H & & X & H & & H & \\
| & & | & & | & & | & | & & | & \\
-C & \leftrightarrow & C^{\oplus} & + & |N- & \longrightarrow & -C & -N^{\oplus}- & \xrightarrow[-HX]{} & -C-\;\;\underline{N}- & \\
\| & & | & & | & & | & | & & \| & \\
|O| & & |\underline{O}|^{\ominus} & & H & & O^{\ominus} & H & & |O| &
\end{array}
$$

Bei dieser Reaktion muß durch Wahl geeigneter Substituenten X eine möglichst hohe Positivierung des Carbonylkohlenstoffes erreicht werden. Man wählt daher zur Aktivierung der Carbonylgruppe Substituenten mit großer Elektronenaffinität. Bei der Herstellung von Polyamiden nach dem bisher üblichen Verfahren der Grenzflächenpolykondensation ist die Carbonylgruppe durch Chlor aktiviert. Da aber die Säurechloride sehr hydrolyseempfindlich sind, kann man dabei nicht in wäßriger Lösung arbeiten. Zur Darstellung von Polyamiden in wäßrigem Medium muß die Aktivierung der Carbonylgruppe durch andere elektronenanziehende Substituenten erreicht werden, die weniger hydrolyseempfindliche Derivate liefern.

Das von TH. WIELAND [11] und R. SCHWYZER [10] in die Peptidsynthese eingeführte Prinzip der Esteraktivierung hat in den letzten Jahren eine verbreitete Anwendung gefunden. Dabei stehen die aktivierten Thiophenylester [11], Nitrophenylester [12–13], Nitrothiophenylester [14], Cyanmethylester [10], 2,4,5-Trichlorphenylester [15], *N*-Hydroxysuccinimidester [16] und *N*-Hydroxyphthalimidester [17] im Vordergrund des Interesses.

Für das in der vorliegenden Arbeit zu lösende Problem sollten entsprechende Ester der Sebacinsäure geeignet sein.

H. ZAHN und Mitarbeiter [18–21] verwendeten mit Erfolg Nitrophenylester verschiedener Dicarbonsäuren als Acylierungsmittel für Proteine.
Die erste Aufgabe der vorliegenden Arbeit besteht also in der Synthese aktivierter Sebacinsäureester.

3.2 In der vorliegenden Arbeit verwendete Methoden zur Darstellung aktivierter Carbonsäureester

Zur Darstellung der aktivierten Sebacinsäureester wurden folgende Methoden verwendet:

3.21 Die »gemischte Anhydrid«-Methode [22–25]

Dieses von TH. WIELAND, R. A. BOISSONNAS und J. R. VAUGHAN entwickelte Verfahren hat in der Peptidsynthese eine verbreitete Anwendung gefunden.
Die Carboxygruppe der Säurekomponente wird mit Chlorameisensäureäthylester in ein gemischtes Anhydrid überführt. Dieses gemischte Anhydrid reagiert mit Verbindungen, die Amino-, Hydroxy- oder Mercaptogruppen enthalten unter Bildung einer Peptid-, Ester- oder Thioesterbindung. Nach diesem Prinzip wurden in der vorliegenden Arbeit Ester und Thioester der Sebacinsäure aufgebaut.

3.22 Die »Carbodiimid«-Methode (DCC)

H. G. KHORANA [26] hat gefunden, daß Dicyclohexylcarbodiimid (DCC) vorzüglich geeignet ist, um Ester und Anhydride darzustellen. J. C. SHEEHAN und G. P. HESS [27] übertrugen diese Reaktion von H. G. KHORANA in die Peptidchemie zur Darstellung von Peptidbindungen aus Carboxy- und Aminokomponenten. Die Säurekomponente und die Hydroxy- bzw. Mercaptogruppen enthaltenden Verbindungen werden in inerten Lösungsmitteln, z. B. Dimethylformamid, Dioxan oder Methylenchlorid, gelöst und mit einer äquivalenten Menge *N,N'*-Dicyclohexylcarbodiimid (DCC) im gleichen Lösungsmittel versetzt. Die Abscheidung des Dicyclohexylharnstoffs (DCH) beginnt wenige Minuten später und ist nach 24 Stunden beendet. Da der Harnstoff schwer löslich ist, kann er von dem Ester leicht abgetrennt werden. In einer störenden Nebenreaktion wird Acylharnstoff gebildet. Seine Abtrennung von dem gewünschten Reaktionsprodukt bereitet Schwierigkeiten.

3.23 »Säurechlorid«-Methode

Die Säurechlorid-Methode zur Synthese von Carbonsäurederivaten beruht auf der Schotten-Baumann-Reaktion, bei welcher ein Säurechlorid mit Verbindungen, die aktiven Wasserstoff (—OH, —NH_2 und —SH) enthalten, zur Reaktion gebracht wird. Die Reaktion verläuft in inerten Lösungsmitteln, wie Dimethylformamid oder Dioxan, optimal. Die Zugabe eines tertiären Amins dient zur Bindung des freiwerdenden Chlorwasserstoffs. Die Reaktion verläuft sehr schnell. Nebenreaktionen treten normalerweise nicht auf. Die entstehenden Ester sind sehr leicht zu reinigen, die Ausbeuten sind sehr gut.

3.24 Andere Methoden

Der größte Teil der aktivierten Sebacinsäureester wurde nach den soeben beschriebenen Methoden synthetisiert. Darüber hinaus wurden zwei Ester wie folgt dargestellt:

Tab. 1 *Gegenüberstellung der nach drei verschiedenen Methoden synthetisierten aktivierten Sebacinsäureester*

Mit Sebacinsäure veresterte Hydroxy-, bzw. Mercapto-komponente	Formeln der Sebacinsäureester	Methoden und Ausbeuten		
		Gemischtes Anhydrid in %	Carbodiimid in %	Säurechlorid in %
Thiophenol	C_6H_5–SOC–$(CH_2)_8$–COS–C_6H_5	43	–	85
p-Thiokresol	H_3C–C_6H_4–SOC–$(CH_2)_8$–COS–C_6H_4–CH_3	62	–	92–96,5
p-Nitrophenol	O_2N–C_6H_4–OOC–$(CH_2)_8$–COO–C_6H_4–NO_2	unrein	60	95
o-Nitrophenol	(NO_2)C_6H_4–OOC–$(CH_2)_8$–COO–C_6H_4(NO_2)	–	53	90
2,4-Dinitrophenol	(O_2N)$_2C_6H_3$–OOC–$(CH_2)_8$–COO–C_6H_3(NO_2)$_2$	27	11–13	91
p-Nitrothiophenol	O_2N–C_6H_4–SOC–$(CH_2)_8$–COS–C_6H_4–NO_2	48	52,5	75
2,4,5-Trichlorphenol	$Cl_3C_6H_2$–OOC–$(CH_2)_8$–COO–$C_6H_2Cl_3$	–	60	92
N-Hydroxysuccinimid	(H_2C–C=O)$_2$>NOOC–$(CH_2)_8$–COON<(O=C–CH_2)$_2$	–	59	85
N-Hydroxyphthalimid	C_6H_4(C=O)$_2$>NOOC–$(CH_2)_8$–COON<(O=C)$_2C_6H_4$	45	62	98,6

Sebacinsäure-bis-cyanmethylester wurde nach einer Vorschrift von R. Schwyzer [10] aus Sebacinsäure und Chloracetonitril in Gegenwart von Triäthylamin dargestellt. Die Ausbeuten waren sehr gut.
Die Darstellung von Sebacinsäure-bis-methylester erfolgte durch säurekatalysierte Veresterung der Dicarbonsäure mit Methanol. Auch bei diesem Verfahren waren die Ausbeuten sehr gut.

3.25 Ausbeuten der nach verschiedenen Methoden synthetisierten aktivierten Sebacinsäureester

In Tab. 1 sind die nach drei verschiedenen Verfahren synthetisierten Ester zusammengestellt.
Aus der Tabelle ist zu ersehen, daß die Säurechloridmethode die besten Ausbeuten liefert. Über das gemischte Anhydrid sind nicht alle Ester gut zugänglich. So beträgt z. B. die Ausbeute beim Sebacinsäure-bis-2,4-dinitrophenylester nur 27%. Sebacinsäure-bis-p-nitrophenylester und Sebacinsäure-bis-o-nitrophenylester wurden von F. Schade [28] nach diesem Verfahren dargestellt. Dabei betrugen die Ausbeuten etwa 50–60%. Bei der Darstellung von Sebacinsäure-bis-p-nitrophenylester erhielten wir über das gemischte Anhydrid nur unreine Produkte, welche auch durch wiederholtes Umkristallisieren nicht gereinigt werden konnten.
Ebenso wie die gemischte Anhydrid-Methode ist auch das Carbodiimid-Verfahren nicht zur Darstellung aller Ester geeignet. Die höchste Ausbeute von 62% wurde beim *N*-Hydroxyphthalimidester erreicht, während Sebacinsäure-bis-2,4-dinitrophenylester nur mit einer Ausbeute von 11 bis 13% erhalten wurde.
Die über das gemischte Anhydrid sowie nach dem Carbodiimidverfahren synthetisierten Sebacinsäureester sind schwer zu reinigen. Vielfach wiederholtes Umkristallisieren ist erforderlich, wobei die Ausbeuten rasch sinken.
Nach dem Säurechlorid-Verfahren erhält man schon nach einmaliger Umkristallisation in sehr guten Ausbeuten saubere Produkte. Die Schmelzpunkte der nach diesem Verfahren gewonnenen Ester liegen etwa 2–3°C höher als die bei den übrigen Methoden gewonnenen Substanzen.
Die Darstellung des Sebacinsäure-bis-cyanmethylesters sowie des Sebacinsäuredimethylesters bereitete keine Schwierigkeiten. Geringfügige Abweichungen bei der Synthese des Sebacinsäure-bis-cyanmethylesters von der aus der Literatur bekannten Arbeitsvorschrift [10] werden im experimentellen Teil angegeben. Durch diese Änderungen der Reaktionsbedingungen konnten die Ausbeuten beträchtlich verbessert werden.

3.3 Darstellung von Nylon 610 aus aktivierten Sebacinsäureestern und Hexamethylendiamin

3.31 Herstellung stabiler Esteremulsionen

Die beschriebenen aktivierten Sebacinsäureester sind kristalline Produkte, die sich in Wasser nicht lösen. Die Reaktion zwischen aktiviertem Ester und Hexamethylendiamin sollte in wäßriger Emulsion durchgeführt werden. Aus diesem Grund mußten zunächst Bedingungen gesucht werden, unter denen die Ester in Wasser stabile Emulsionen bilden. Daher wurden in Gegenwart verschiedener Emulgatoren unter Variation der Konzentration mit Hilfe eines Vibrators (Ultra Turrax, 24 000 U/min) folgende Versuche durchgeführt:

1. Sebacinsäureester wurde mit Hilfe einer Kugelmühle zerrieben und in Gegenwart eines Emulgators unter Vibrieren in Wasser suspendiert.

2. Der Ester wurde in einem mit Wasser mischbaren Lösungsmittel, wie Alkohol oder Aceton, gelöst und unter Vibrieren langsam in die Wasser–Emulgator-Mischung gegeben.
3. Der Ester wurde in einem nicht mit Wasser mischbaren Lösungsmittel, wie Benzol oder Methylenchlorid, gelöst und unter Vibrieren in die Wasser–Emulgator-Lösung gegeben.

Die ersten beiden Methoden führten nicht zur Bildung stabiler Esteremulsionen. Auch durch Zugabe eines Hilfsmittels, wie Harnstoff, Gelatine, Methylcellulose oder Natriumchlorid, konnten die Emulsionen nicht stabilisiert werden.
Mit dem gleichen Resultat verliefen Versuche, bei denen eine Mischung von Ester, Wasser und Emulgator über den Schmelzpunkt des Esters erhitzt und anschließend unter Rühren langsam abgekühlt wurde.
Stabile Esteremulsionen wurden lediglich nach der oben beschriebenen Methode Nr. 3 erhalten. Als geeigneter Emulgator erwies sich ®Emulphor O. Die Stabilität der Emulsionen war von der Löslichkeit des Esters in Benzol und von der Emulsionskonzentration abhängig. Eine qualitative Beurteilung der Stabilität der Emulsionen verschiedener Sebacinsäureester zeigt Tab. 2.

Tab. 2 Stabilität der Emulsionen verschiedener Sebacinsäureester bei Verwendung von 20% ®Emulphor O (bezogen auf das Estergewicht) als Emulgator

Mit Sebacinsäure veresterte Komponente	Löslichkeit der Ester in Benzol bei 20° C (ml Benzol/g Ester)	Beurteilung der Stabilität der Esteremulsion nach 24 Stunden	
		10%ige Emulsion	5%ige Emulsion
Thiophenol	1,5	stabil	stabil
p-Thiokresol	2,0	stabil	stabil
p-Nitrophenol	15,0	unstabil	unstabil
o-Nitrophenol	1,2	stabil	stabil
2,4-Dinitrophenol	4,0	unstabil	stabil
p-Nitrothiophenol	16,0	unstabil	unstabil
2,4,5-Trichlorphenol	1,5	stabil	stabil
N-Hydroxysuccinimid	25,0	unstabil	unstabil
N-Hydroxyphthalimid	5,0	unstabil	stabil
Chloracetonitril	1,5	stabil	stabil
Methanol	1,0	stabil	stabil

3.32 Umsetzung der aktivierten Ester mit Hexamethylendiamin

Von allen aktivierten Sebacinsäureestern wurden nach der unter 3.31 beschriebenen Arbeitsweise stabile wäßrige Emulsionen hergestellt. Unter mechanischem Rühren wurden diese Emulsionen auf die gewünschte Reaktionstemperatur aufgeheizt. Bei 25°C, 50°C und 80°C wurden dann die Esteremulsionen mit einer wäßrigen Lösung von Hexamethylendiamin versetzt. Es erwies sich als notwendig, mit einem Überschuß an Hexamethylendiamin zu arbeiten. Bei der Umsetzung äquivalenter Mengen Hexamethylendiamin und Sebacinsäureester waren die Ausbeuten schlecht (etwa 50%). Wurden Sebacinsäureester und Hexamethylendiamin im Verhältnis 1:2 zur Reaktion gebracht, so stiegen die Ausbeuten an Polyamid auf 85–95%. Lediglich bei einer

Tab. 3 Aus verschiedenen aktivierten Sebacinsäureestern und Hexamethylendiamin im Molverhältnis 1 : 2 erhaltene Polyamide (Nylon 610)

Verwendeter Sebacinsäureester	Polykondensationstemperatur in °C	Reaktionsdauer in Stunden	Ausbeute in %	*Fp* in °C	Grenzviskositätszahl	Molekulargewicht
Thiophenol	25	24	67,5	216 Zers	0,765	8 900
	50	5	93,5	215 Zers	0,87	10 150
	80	2	93,5	214–216	0,775	9 000
p-Thiokresol	25	24	50	213–218	0,634	7 300
	50	5	107	217–222	0,885	10 300
	80	2	86,5	214–217	0,345 (0,57)	3 850 (6 500)
p-Nitrophenol	25	48	63	212–220	0,493	5 600
	50	2	96	213–215	0,514	5 900
	80	1	92,5	220–224	0,782 (1,030)	9 100 (11 000)
o-Nitrophenol	25	24	85	216–222	1,180	12 700
	50	2	84	217–231	2,310 (1,270)	25 600 (13 700)
	80	1	90	217–223	0,975	10 750
2,4-Dinitrophenol	25	24	89	215 Zers	0,612	7 050
	50	2	82	über 200 Zers	0,445 (0,645)	5 050 (7 450)
	80	1	92	über 200 Zers	0,885 (0,640)	10 300 (7 400)
p-Nitrothiophenol	25	24	87	über 200 Zers	0,680	7 850
	50	2	98	210 Zers	0,540	6 200
	80	1	105	über 200 Zers	0,515	5 900
2,4,5-Trichlorphenol	25	48	86	über 200 Zers	0,530	6 050
	50	2	96	über 200 Zers	0,425	4 800
	80	1	100	über 200 Zers	0,355	4 000
N-Hydroxysuccinimid	25	24	64	213–216	0,500	5 700
	50	2	94	215 Zers	0,550	6 550
	80	1	94	215–224	0,765	8 900
N-Hydroxyphthalimid	25	24	70	182–205	0,160	1 740
	50	2	76	170–200	0,160	1 740
	80	1	70	175–200	0,160	1 740

Reaktionstemperatur von 25 °C wurden bei einigen Umsetzungen niedrigere Ausbeuten erhalten.

Nach beendeter Umsetzung wurden die Reaktionsprodukte abfiltriert, mit Wasser bis zur neutralen Reaktion gewaschen und anschließend mit Methanol extrahiert.

In Tab. 3 sind die synthetisierten Polyamide mit ihren charakteristischen Kennzahlen zusammengestellt. Die Polyamide sind teils farblos, teils gelb gefärbt. Die Gelbfärbung ist auf anhaftende Reste gefärbter Aromaten (wie 2,4-Dinitrophenol und p-Nitrothiophenol) aus den aktivierten Estern zurückzuführen. Besonders stark gelb gefärbt war das Polyamid aus Sebacinsäure-bis-2,4-dinitrophenylester und Hexamethylendiamin. Bei allen gefärbten Polyamiden verschwindet die Färbung beim Waschen mit verdünnter Salzsäure und erscheint bei einer anschließenden Behandlung mit verdünnter Ammoniaklösung wieder. Ohne Erfolg blieben Versuche, die gefärbten Anteile durch Umkristallisieren aus Dimethylformamid, 2,2,2-Trifluoräthanol und Phenol/Wasser zu entfernen. Bei der Umsetzung von Sebacinsäure-bis-cyanmethylester und Sebacinsäuredimethylester mit Hexamethyldiamin in wäßriger Emulsion entstand kein Polyamid, da die aktivierten Ester unter den gewählten Reaktionsbedingungen zu rasch hydrolysiert wurden. Beim Sebacinsäure-bis-*N*-phthalimidester konkurriert die Hydrolyse mit der Polykondensation, und es entstehen Produkte mit einem mittleren Molekulargewicht von 1700 und einem Schmelzintervall von 170 bis 205 °C.

3.33 Darstellung von Nylon 610 aus Sebacinsäuredichlorid und Hexamethylendiamin [29]

Zu Vergleichszwecken wurde außer über die aktivierten Sebacinsäureester Nylon 610 nach dem herkömmlichen Verfahren der Grenzflächenpolykondensation aus Sebacinsäuredichlorid und Hexamethylendiamin hergestellt. Dazu wurde Hexamethylendiamin mit Natriumhydroxid bzw. Natriumcarbonat mit und ohne Netzmittel in Wasser gelöst. Unter Vibrieren wurde dann eine Lösung von Sebacinsäuredichlorid in Tetrachlorkohlenstoff in 15 Sekunden zugegeben. Die Aufarbeitung des Polyamids erfolgte nach

Tab. 4 Unter verschiedenen Bedingungen aus Sebacinsäuredichlorid und Hexamethylendiamin erhaltenes Nylon 610

Nylon-Probe	Ausbeute in %	*Fp* in °C	Grenzviskositätszahl	Molekulargewicht
Nylon 610 durch Schmelzkondensation		211–16	1,1	11 800
Nylon 610 nach dem IFP-Verfahren				
A	86	211–13	1,17	12 600
B	82	211–13	1,34	14 500
C	82	211–13	1,39	15 070
D	78,5	210–12	1,45	15 750
E	79	211–12	1,326	14 350
F	75	211–13	1,442	15 650

A = Mit Hexamethylendiamin und zwei Äquivalenten Natriumhydroxid
B = Nylon 610 wie unter A, dann 12 Stunden mit Methanol extrahiert
C = Mit Hexamethylendiamin und zwei Äquivalenten Soda
D = Nylon 610 wie unter C, dann 12 Stunden mit Methanol extrahiert
E = Nylon 610 wie unter C unter Zusatz von 0,1% Netzmittel
F = Nylon 610 wie unter E, dann 12 Stunden mit Methanol extrahiert

der bei den Versuchen mit aktivierten Estern beschriebenen Arbeitsweise. Die unter verschiedenen Bedingungen aus Sebacinsäuredichlorid und Hexamethylendiamin erhaltenen Nylon-610-Proben sind mit ihren charakteristischen Kennzahlen in Tab. 4 zusammengestellt. Zum Vergleich sind die Kennzahlen des durch Schmelzkondensation gewonnenen Polyamids in der Tabelle mit aufgeführt.

3.34 Geschwindigkeit der Reaktion aktivierter Sebacinsäureester mit Hexamethylendiamin

Die Reaktion aktivierter Sebacinsäureester mit Hexamethyldiamin wurde durch titrimetrische Bestimmung des Hexamethylendiaminverbrauchs verfolgt. Aus den Reaktionsansätzen wurden in bestimmten Zeitabständen Proben entnommen, die nach Auflösen in Phenol/Wasser mit *n*/10 HCl titriert wurden. Zur Durchführung der Titrationen diente ein automatisches Titriergerät der Fa. Radiometer, Kopenhagen (Autotitrator, Typ TTT 1a mit Schreiber). Die auf diese Weise bei verschiedenen Reaktionstemperaturen gefundene Abnahme der Hexamethylendiaminkonzentration wurde gegen die Reaktionszeit aufgetragen. Aus den so erhaltenen Kurven wurde die Halbwertszeit der Reaktion ermittelt. Die Ermittlung der Geschwindigkeitskonstanten aus diesen Meßergebnissen ist nicht möglich, da es sich um heterogene Reaktionen handelt, bei denen Diffusionskonstanten und, falls die Umsetzung an der Grenzfläche der suspendierten Teilchen abläuft, die Teilchengröße eine Rolle spielen. Beide Größen sind für die vorliegenden Umsetzungen nicht bekannt. Die ermittelten Halbwertszeiten sollen nur als empirische Anhaltspunkte zur Bewertung der Reaktivität der untersuchten Sebacinsäureester dienen. Aus Tab. 5 ist zu ersehen, daß die Reaktionsgeschwindigkeit bei der Umsetzung von Hexamethylendiamin mit aktivierten Sebacinsäureestern eine Funktion der Esteraktivierung ist.

Tab. 5 Halbwertszeiten der Reaktion zwischen Hexamethylendiamin und aktivierten Sebacinsäureestern bei verschiedenen Reaktionstemperaturen

Umsetzung von Hexamethylendiamin mit:	Halbwertszeit in Minuten bei 25°C	40°C	60°C	80°C
Sebacinsäure-bis-thiophenylester	1320,0	165,0	23,0	04,5
Sebacinsäure-bis-p-thiokresylester	2160,0	375,0	40,0	10,0
Sebacinsäure-bis-p-nitrophenylester	0236,0	051,0	12,5	07,0
Sebacinsäure-bis-o-nitrophenylester	0033,0 (0027,0)*	007,5	03,0	02,0
Sebacinsäure-bis-2,4-dinitrophenylester	0005,0	unmeßbar	unmeßbar	unmeßbar
Sebacinsäure-bis-p-nitrothiophenylester	0014,0	unmeßbar	unmeßbar	unmeßbar
Sebacinsäure-bis-2,4,5-trichlorphenylester	0255,0	0025,0	0003,8	02,6
Sebacinsäure-bis-*N*-succinimidester	0012,5	unmeßbar	unmeßbar	unmeßbar
Sebacinsäure-bis-*N*-phthalimidester	unmeßbar	unmeßbar	unmeßbar	unmeßbar

* In Gegenwart von zwei Äquivalenten Imidazol.

Die bei 25°C ermittelten Umsetzungsgeschwindigkeiten der aktivierten Sebacinsäureester nehmen in folgender Reihe ab: Sebacinsäure-bis-2,4-dinitrophenylester, Sebacinsäure-bis-*N*-succinimidester, Sebacinsäure-bis-p-nitrothiophenylester, Sebacinsäure-bis-o-nitrophenylester, Sebacinsäure-bis-p-nitrophenylester, Sebacinsäure-bis-2,4,5-trichlorphenylester, Sebacinsäure-bis-thiophenylester, Sebacinsäure-bis-p-thiokresylester.

Die gleiche Abstufung gilt für die Reaktion bei 40°C, 60°C und 80°C mit Ausnahme des Sebacinsäure-bis-2,4,5-trichlorphenylesters. Dieser reagiert bei 40°C doppelt so schnell und bei 60°C viermal so schnell wie der Sebacinsäure-bis-p-nitrophenylester, der bei 25°C schneller reagiert. Die Reaktion zwischen Hexamethylendiamin und Sebacinsäure-bis-2,4-dinitrophenylester verläuft bei Zimmertemperatur so schnell, daß die Zeitabhängigkeit der Umsetzung nicht mehr erfaßt werden kann. Bei der Bestimmung des Umsatzes der Reaktion zwischen Hexamethylendiamin und *N*-Hydroxyphthalimidester, Cyanmethylester sowie dem Methylester am Autotitrator zeigten die Titrationskurven zwei Wendepunkte, so daß hier keine Auswertung möglich war. Diese Erscheinung kann auf eine Hydrolyse während der Umsetzung zurückzuführen sein.

3.35 Physikalische Untersuchungen an den Nylon-610-Präparaten

3.351 Chromatographie

Alle synthetisierten Polyamide und handelsübliches Nylon 610 wurden mit 6 *n* HCl bei 105°C nach H. Zahn und F. Wolf totalhydrolysiert [30]. Bei der Chromatographie dieser Totalhydrolysate in SBA* wurden drei ninhydrinpositive Flecken erhalten. Einer davon konnte dem Hexamethylendiamin zugeordnet werden (Rf-Wert = 0,1–0,15), während eine Zuordnung der beiden übrigen (Rf-Werte = 0,37 und 0,82) nicht möglich war. Wahrscheinlich wurden diese Substanzflecken von Zersetzungsprodukten des Hexamethylendiamins verursacht. Butylamin und Äthylamin besitzen in SBA Rf-Werte, die denen der beiden Substanzflecken entsprechen. Beide Amine könnten während der Hydrolyse aus Hexamethylendiamin entstehen.

3.352 Schmelzverhalten

Die Schmelzpunkte der synthetisierten Polyamide (s. Tab. 3) lagen mit einer Ausnahme zwischen 210°C und 230°C. Das aus Hexamethylendiamin und Sebacinsäure-bis-*N*-phthalimidester erhaltene Nylon 610 hatte ein Schmelzintervall von 170 bis 205°C. Wahrscheinlich bestand dieses Produkt im wesentlichen aus einem Gemisch von Pleionomeren, da der verwendete aktivierte Ester sehr hydrolyseempfindlich ist und somit bei der Umsetzung keine sehr hohen Molekulargewichte erreicht wurden (s. Tab. 3).

Bei einem Teil der übrigen Polyamide trat in der Nähe des Schmelzpunktes Zersetzung (Braunfärbung) auf. Verglichen mit dem aus Sebacinsäuredichlorid und Hexamethylendiamin sowie durch Schmelzkondensation erhaltenen Nylon 610 (s. Tab. 4) lagen die Schmelzpunkte einiger Polyamide aus aktivierten Estern etwa 5–8°C höher.

3.353 Molekulargewichtsbestimmung

3.3531 Viskositätsmessung

Die Bestimmung der Viskositäten erfolgte im Ostwald-Viskosimeter. Die rechnerische Ermittlung der Molgewichte erfolgte unter Zugrundelegung der von H. Staudinger [31], W. Kuhn [32], R. Houwink [33] sowie P. W. Morgan und S. L. Kwolek [34]

* SBA = Butanol-(2) + Ameisensäure + Wasser
(75:13,5:11,5 v/v)

erarbeiteten Beziehungen zwischen Grenzviskositätszahl (intrinsic viscosity) und Molekulargewicht (vgl. hierzu auch [35] und [36]). Dabei wurden die von P. W. MORGAN und S. L. KWOLEK [34] für Nylon 610 in m-Kresol bei 25°C ermittelten Konstanten $k_m = 1{,}35 \cdot 10^{-4}$ und $\alpha = 0{,}96$ verwendet. In den Tab. 3 und 4 sind die Grenzviskositätszahlen und die daraus ermittelten Molekulargewichte der verschiedenen synthetisierten Polyamide zusammengestellt.

Die aufgeführten Molekulargewichte sind bei Versuchswiederholungen nicht sehr gut reproduzierbar. Das kann daran liegen, daß bei der heterogenen Reaktion zwischen Hexamethylendiamin und den aktivierten Sebacinsäureestern in Emulsionen die Reaktionsbedingungen nicht eindeutig reproduzierbar waren.

Das höchste Molekulargewicht (25 600) lieferte das aus Sebacinsäure-bis-o-nitrophenylester und Hexamethylendiamin bei 50° C dargestellte Nylon 610. Das nach dem IFP-Verfahren aus Sebacinsäuredichlorid dargestellte Nylon 610 besitzt ein Molekulargewicht von etwa 12 000 bis 16 000.

3.3532 Endgruppenbestimmung

Außer durch Viskositätsmessungen (3.3531) wurden die Molekulargewichte der synthetisierten Polyamide durch Endgruppentitration bestimmt. Dabei wurden die Aminoendgruppen nach der Methode von J. E. WALTZ und G. TAYLOR [38] titriert. Die Titrationen wurden in Phenol/Wasser (80/20) mit *n*/50 HCl am Autotitrator ausgeführt. In Tab. 6 sind die an zwei verschiedenen Nylon-610-Proben aus Viskositätsmessungen und Endgruppenanalysen ermittelten Molekulargewichte einander gegenübergestellt. Die nach diesen beiden Methoden bestimmten Molekulargewichte stimmen nicht überein. Das kann zwei Gründe haben: Entweder enthielten die Polyamide noch sauer reagierende Verunreinigungen (z. B. Phenole), wodurch zu wenig Aminogruppen und zu hohe Molgewichte gefunden wurden, oder die Aminoendgruppen waren z. T. blockiert. Nach dem Umkristallisieren der Präparate aus Dimethylformamid stiegen die Molekulargewichte beträchtlich (s. Tab. 6), d. h., es wurden noch weniger Aminogruppen bei der Titration gefunden. Wahrscheinlich sind beim Umkristallisieren aus Dimethylformamid Aminogruppen und Carbonamidgruppen formyliert worden.

Tab. 6 Vergleich der durch Aminoendgruppenbestimmung und Viskositätsmessungen ermittelten Molekulargewichte

Nylon 610 aus Hexamethylendiamin und:	Molgewicht aus Aminoendgruppen		Molgewicht viskosimetrisch
	Nylon mit Methanol extrahiert	Nylon aus Dimethyl formamid umkristallisiert	Nylon mit Methanol extrahiert
Sebacinsäure-bis-p-nitrophenylester	35 000	53 000	9 600
Sebacinsäure-bis-p-thiokresylester	9 450	21 000	6 500

4. Antifilzausrüstung mit Polyamiden aus wäßrigen Emulsionen

4.1 Allgemeines

Die unter 3.3 beschriebenen Verfahren sollten auf ihre Brauchbarkeit zur Filzfreiausrüstung von Wolle geprüft werden. Von den untersuchten aktivierten Sebacinsäureestern wurden für diese Versuche vier ausgewählt: Sebacinsäure-bis-o-nitrophenyl-ester, Sebacinsäure-bis-p-nitrophenylester, Sebacinsäure-bis-2,4,5-trichlorphenylester und Sebacinsäure-bis-p-thiokresylester. Die übrigen aktivierten Ester wurden auf Grund folgender Nachteile für die Ausrüstung nicht näher untersucht:
Hydrolyseempfindlichkeit der aktivierten Ester, zu niedriges Molgewicht des entsprechenden Polyamids, schlechte Emulgierbarkeit, Verfärbung der ausgerüsteten Wolle und unangenehmer Geruch (z. B. des Thiophenylesters).

4.2 Ausrüstung von Wolle mit Nylon 610 aus aktivierten Sebacinsäureestern und Hexamethylendiamin

Folgende Arbeitsweise hat sich nach vielen Vorversuchen bewährt:
Die beiden Reaktionspartner, Emulsion des aktivierten Sebacinsäureesters und Hexamethylendiamin in wäßriger Lösung, wurden bei + 5° C miteinander vermischt. Mit dieser Mischung wurde dann das lösungsmittelextrahierte (Äthanol) und auf pH 10,15 eingestellte Wollgestrick imprägniert. Anschließend wurde bis zu einer Gewichtszunahme von 80 bis 90% (bezogen auf das Gewicht der klimatisierten Wolle) abgequetscht und in Wasserdampf fixiert. Nach der Dampffixierung wurden die Proben mit warmem Wasser und Sodalösung gewaschen, anschließend getrocknet und konditioniert. Die mit Sebacinsäure-bis-thiokresylester und Hexamethylendiamin behandelten Proben wurden mit Alkohol extrahiert, da das freigesetzte Thiokresol wasserunlöslich ist. Die Konzentrationen der Reaktionspartner und die Reaktionstemperaturen wurden variiert. Die erhaltenen Resultate werden im folgenden beschrieben.

4.21 Ausrüstung von Wolle mit Nylon 610 aus Sebacinsäure-bis-o-nitrophenylester und Hexamethylendiamin

Bei der Imprägnierung mit der Reaktionsmischung färbt sich die Wolle gelborange. Diese Färbung, welche mit fortschreitender Reaktion immer intensiver wird, ist auf die Abscheidung von o-Nitrophenol zurückzuführen. Dieses läßt sich mit warmem Wasser und verdünnter Sodalösung gut auswaschen. In Tab. 7 sind die Ergebnisse der unter verschiedenen Reaktionsbedingungen durchgeführten Ausrüstungen unter Verwendung des o-Nitrophenylesters zusammengestellt. Die Ausbeute an Nylon 610 auf der Wolle ist bei 80° C am höchsten (60–70%). Die Ausbeute läßt sich durch die bei der Behandlung eintretende Gewichtsveränderung bestimmen. Bei hohen Hexamethylendiaminkonzentrationen ist die Gewichtszunahme gering. Das kann auf einen teilweisen Abbau der Wolle, verbunden mit einem In-Lösung-Gehen von Keratinsubstanz, zurückzuführen sein.
Durch die Ausrüstungsbehandlung wird die Wasseraufnahme der Wolle um etwa 0,4–1,4% erniedrigt. Die Polykondensationstemperatur hat keinen unmittelbaren Einfluß auf den Antifilzeffekt (Flächenschrumpf beim Waschen). Dieser wird vielmehr durch die Menge des auf der Wolle befindlichen Polyamids (Gewichtszunahme, s. Tab. 7) bestimmt. Die besten Antischrumpfeffekte wurden bei einer Nylonauflage von 2,6%

Tab. 7 Ergebnisse der bei verschiedenen Reaktionsbedingungen unter Verwendung des Sebacinsäure-bis-o-nitrophenylesters und Hexamethylendiamin durchgeführten Ausrüstungen

Ansatz	Hexamethylen-diamin-konzentration (mMol/100 ml)	Ester-konzentration (mMol/100 ml)	Poly-kondensations-temperatur in °C	Poly-kondensations-dauer in Minuten	Gewichts-zunahme in %	Ausbeute an Nylon in %	Feuchtigkeits-aufnahme der Wolle in %
unbehandelt							12,6
B	35	17,5	95	5	2,3	62	12,0
	35	17,5	95	5	2,4	59	–
A	70	17,5	80	7	2,8	67	11,9
	70	17,5	80	7	2,6	65	–
	70	17,5	80	7	3,4	86	–
C	50	12,5	80	7	1,7	64	12,1
	50	12,5	80	7	1,7	67	–
B	35	17,5	80	7	2,6	68	11,2
	35	17,5	80	7	2,5*	65	–
A	70	17,5	60	12	1,6	45	12,2
	70	17,5	60	12	2,0	50	–
C	50	12,5	60	15	1,5	50	12,3
	50	12,5	60	15	1,3	47	–
B	35	17,5	60	15	2,5	64	11,4
	35	17,5	60	15	2,0	52	–
A	70	17,5	40	60	1,0	23	12,25
	70	17,5	40	60	1,4	35	–
B	35	17,5	40	60	1,7	40	–
	35	17,5	40	60	1,5	38	11,85
A	70	17,5	25	24 h	1,2	31	12,2
	70	17,5	25	24 h	1,3	34	–

* Nicht mit Alkohol extrahiertes Material.

Tab. 7 (Fortsetzung)

Ansatz	Flächenschrumpf nach 120 Minuten effektiver Waschzeit in %	Naßreißfestigkeit in g	Naßreißdehnung in %	Alkalilöslichkeit in %	Harnstoff-Bisulfit-Löslichkeit in %	Cystingehalt in %	Lanthioningehalt in %
unbehandelt	60	335	45,7	12,3	16,2	10,3	0,65
B	–	230	44,2	8,4			
	22,0	–	–	–			
A	–	220	42,6	8,0			
	3,5	–	–	–			
	7,0	–	–	–			
C	–	207	43,1	7,3			
	11,0	–	–	–			
B	14,0	318	46,6	9,9			
	35*	–	–	–			
A	–	320	45,6	9,4	6,1	9,4	0,78
	15,0	–	–	–	–	–	–
C	–	286	43,8	9,0			
	12,0	–	–	–			
B	–	308	45,6	9,5			
	20	–	–	–			
A	21	321	46,1	9,9			
	29*	–	–	–			
B	16	–	–	–	–	–	
	–	346	45,1	9,2	8,1	9,7	
A	–	303	47	8,1			
	14	–	–	–			

* Nicht mit Alkohol extrahiertes Material.

erzielt (Ansatz A, 80°C), wobei eine Verminderung des Flächenschrumpfs nach 120 Minuten effektiver Waschzeit von 60% (unbehandeltes Material) auf 3,5% eintritt. Bei einer Nylonauflage von 1,3% (z. B. Ansatz A, 25°C) tritt eine Reduktion von 60% auf 14% Flächenschrumpf ein. Wird die Wolle vor der Behandlung nicht mit Alkohol extrahiert, so ist das Ergebnis der Filzfreiausrüstung schlechter (s. Tab. 7). Um eine zu große Schädigung der Wolle zu vermeiden, sollte die Polykondensation bei möglichst niedriger Temperatur durchgeführt werden. Die durch Naßreißfestigkeit und Naßreißdehnung ermittelte Veränderung (s. Tab. 7) ist bei der niedrigsten Hexamethylendiaminkonzentration bei 80°C größer als bei 60°C, 40°C und 25°C. Diese Veränderung wird noch größer, wenn mit höherer Hexamethylendiaminkonzentration bei 80°C und 95°C gearbeitet wird. Die Alkalilöslichkeit und Harnstoff-Bisulfit-Löslichkeit werden bei allen Ausrüstungen erniedrigt (s. Tab. 7); der Cystingehalt sinkt infolge der Behandlung mit der starken Base Hexamethylendiamin bei den angewandten Temperaturen, während der Lanthioningehalt der behandelten Wolle ansteigt. Unterzieht man aber die analogen Werte der unbehandelten Probe einer kritischen Betrachtung, so erscheint vor allem der Lanthioningehalt des verwendeten Garns erheblich gesteigert zu sein. Auch die Harnstoff-Bisulfit-Löslichkeit und der Cystinwert der unbehandelten Wolle deuten auf eine beschädigte Wolle hin. Dieser Tatbestand sollte bei der Bewertung des schädigenden Einflusses des beschriebenen Verfahrens der Antifilzausrüstung deshalb berücksichtigt werden.

4.22 Ausrüstung mit Nylon 610 aus Sebacinsäure-bis-p-nitrophenylester und Hexamethylendiamin

Auf Grund der geringen Löslichkeit des Sebacinsäure-bis-p-nitrophenylesters in Benzol sind die in der vorliegenden Arbeit angewendeten Emulsionen (6,4 und 4,6 g Ester/100 ml) nicht sehr stabil. Das hat zur Folge, daß die Emulsion beim Imprägnieren der Wolle zusammenbricht und somit mehr aktivierter Ester auf der Wolle verbleibt, als der Flüssigkeitsaufnahme bei einer stabilen Emulsion entspricht. Beim Imprägnieren färbt sich die Wolle gelb. Diese Gelbfärbung (Abspaltung von p-Nitrophenol) wird mit fortschreitender Polykondensation intensiver. Das p-Nitrophenol läßt sich nach beendeter Reaktion leicht mit warmem Wasser und verdünnter Sodalösung auswaschen. In Tab. 8 sind die Ergebnisse der unter verschiedenen Reaktionsbedingungen durchgeführten Ausrüstungen mit Sebacinsäure-bis-p-nitrophenylester und Hexamethylendiamin zusammengestellt. Da die Geschwindigkeit der Reaktion zwischen Sebacinsäure-bis-p-nitrophenylester verglichen mit den übrigen verwendeten aktivierten Estern niedrig ist, mußten die Reaktionszeiten verlängert werden (s. Tab. 7 und 8). Die Feuchtigkeitsaufnahme der ausgerüsteten Wolle ist um 0,2–1,6% (absolut) erniedrigt. Die Polykondensationstemperatur beeinflußt den Antischrumpfeffekt nicht entscheidend. Dieser wird ausschließlich durch die Höhe der Nylonauflage bestimmt. Eine Auflage von 2 bis 2,5% erniedrigt den Flächenschrumpf von 60% auf 10–13%, eine Auflage von 4% auf 2–3% (s. Tab. 7). Durch die längere Reaktionszeit wird die bei der Ausrüstung eintretende Veränderung erhöht. Naßreißfestigkeit und Naßreißdehnung fallen z. B. bei einer Reaktionstemperatur von 80°C und 95°C stark ab (s. Tab. 8). Die Ausrüstung wird daher am besten mit geringen Konzentrationen an Hexamethylendiamin bei niedrigen Temperaturen durchgeführt.

4.23 Ausrüstung mit Nylon 610 aus Sebacinsäure-bis-2,4,5-trichlorphenylester und Hexamethylendiamin

Die Geschwindigkeit der Reaktion von Sebacinsäure-bis-2,4,5-trichlorphenylester mit Hexamethylendiamin ist sehr hoch. Daher ist nach der Imprägnierung der Wolle wie bei

Tab. 8 Ergebnisse der bei verschiedenen Reaktionsbedingungen unter Verwendung des Sebacinsäure-bis-p-nitrophenylesters und Hexamethylendiamin durchgeführten Ausrüstungen

Ansatz	Hexamethylen-diamin-konzentration (mMol/120 ml)	Ester-konzentration (mMol/120 ml)	Poly-kondensations-temperatur in °C	Poly-kondensations-dauer in Minuten	Gewichts-zunahme in %	Ausbeute an Nylon in %	Feuchtigkeits-aufnahme der Wolle in %
unbehandelt							12,6
A	70	17,5	95	15	4,5	143	–
	70	17,5	95	15	4,5	124	12,2
C	50	12,5	95	15	1,2	59	12,3
B	35	17,5	95	15	4,2	108	11,0
	35	17,5	95	15	4,8	145	–
D	25	12,5	95	15	2,0	106	–
	25	12,5	95	15	2,7	140	12,2
C	50	12,5	80	15	4,2	188	12,4
	50	12,5	80	15	3,9	176	–
B	35	17,5	80	15	4,5	114	–
	35	17,5	80	15	2,6	56	12,1
D	25	12,5	80	15	2,5	121	–
	25	12,5	80	15	2,5	121	12,3
D	25	12,5	60	30	1,9	82	–
	25	12,5	60	30	1,6	67	11,4
D	25	12,5	40	120	2,3	100	–
	25	12,5	40	60	1,0	43	12,4

Tab. 8 (Fortsetzung)

Ansatz	Flächen-schrumpf nach 120 Minuten effektiver Waschzeit in %	Naßreiß-festigkeit in g	Naßreiß-dehnung in %	Alkali-löslichkeit in %	Harnstoff-Bisulfit-Löslichkeit in %	Cystingehalt in %	Lanthionin-gehalt in %
unbehandelt	60	335	45,7	12,3	16,2	10,3	0,65
A	3	–	–	–	–	–	–
	–	87	34,9	9,0	–	–	–
C	14	90	37,1	8,7	–	–	–
B	–	210	42,6	9,2	–	–	–
	0,5	–	–	–	–	–	–
D	10	–	–	–	–	–	–
	–	196	42,8	8,2	–	–	–
C	–	226	43,4	8,1	–	–	–
	2	–	–	–	–	–	–
B	3	–	–	–	–	–	–
	–	256	43,7	8,2	–	–	–
D	12	–	–	–	–	–	–
	–	283	46,3	8,6	–	–	–
	22	–	–	–	–	–	–
D	–	305	46,1	8,3	3,5	–	–
D	13	–	–	–	–	–	–
	–	313	45,6	8,9	6,2	9,7	0,72

Sebacinsäure-bis-o-nitrophenylester nur eine kurze Wärmebehandlung erforderlich. Das bei der Polykondensation freigesetzte 2,4,5-Trichlorphenol läßt sich mit verdünnter Sodalösung und warmem Wasser gut auswaschen. Die Ergebnisse der Ausrüstungen unter Verwendung von Sebacinsäure-bis-2,4,5-trichlorphenylester sind in Tab. 9 zusammengestellt. Aus dieser Tabelle ist zu entnehmen, daß für die Größe des Antischrumpfeffektes weniger die Reaktionstemperatur als die Nylonauflage verantwortlich ist. Der Flächenschrumpf wird bei einer Auflage von etwa 2,5% von 60% auf 3% und bei einer solchen von 1,7% auf 16% erniedrigt. Die Feuchtigkeitsaufnahme sinkt durch die Ausrüstung um 0,6–1,4%. Verglichen mit den übrigen Ausrüstungen sind bei Verwendung von Sebacinsäure-bis-2,4,5-trichlorphenylester die chemische Modifizierung am niedrigsten. Das kann auf die kurzen Behandlungszeiten und die niedrige Hexamethylendiaminkonzentration zurückzuführen sein.

4.24 *Ausrüstung mit Nylon 610 aus Sebacinsäure-bis-p-thiokresylester und Hexamethylendiamin*

Auf Grund der niedrigen Reaktionsgeschwindigkeit sind bei Verwendung von Sebacinsäure-bis-p-thiokresylester wiederum längere Fixierzeiten erforderlich. Das bei der Polykondensation freigesetzte p-Thiokresol läßt sich nicht mit warmem Wasser und verdünnter Sodalösung auswaschen. Daher ist eine Nachextraktion mit Alkohol erforderlich. Da p-Thiokresol einen unangenehmen Geruch besitzt, muß diese Nachextraktion sehr sorgfältig durchgeführt werden. In Tab. 10 sind die Ergebnisse verschiedener Ausrüstungen unter Verwendung von Sebacinsäure-bis-p-thiokresylester zusammengestellt. Die Wolle erleidet bei der langen Behandlung große Substanzverluste.
Diese Substanzverluste dürften die Ursache für die aus den Gewichtsdifferenzen vor und nach der Behandlung ermittelten niedrigen Ausbeuten an Nylon 610 auf der Wolle sein. Die erzielten Antischrumpfeffekte (Tab. 10) sind bei niedrigen Nylon-610-Auflagen nicht so gut wie bei den in den vorangehenden Kapiteln beschriebenen Estern. Die Ansätze F, G und H, bei denen gute Filzfreieffekte mit niedriger Nylonauflage erzielt wurden, sind in Abweichung von der üblichen Arbeitsweise unter folgenden Reaktionsbedingungen erhalten worden:

1. Als Emulgator wurde an Stelle von ®Emulphor O ®Stokopal T verwendet, das aber keine sehr stabilen Emulsionen ergab.
2. Die Polykondensation wurde im Vakuumtrockenschrank in Gegenwart von Wasserdampf durchgeführt. Die erzielten Ergebnisse waren nicht gut reproduzierbar.
3. Die Reaktionszeit betrug 45 Minuten bei 80° C.

Bei der Ausrüstung mit Sebacinsäure-bis-p-thikresylester treten auf Grund der langen Reaktionszeiten beträchtliche Schädigungen auf (s. Tab. 10).

Tab. 9 Ergebnisse der bei verschiedenen Reaktionsbedingungen unter Verwendung des Sebacinsäure-bis-2,4,5-trichlorphenylesters und Hexamethylendiamin durchgeführten Ausrüstungen

Ansatz	Hexamethylen-diamin-konzentration (mMol/100 ml)	Ester-konzentration (mMol/100 ml)	Poly-kondensations-temperatur in °C	Poly-kondensations-dauer in Minuten	Gewichts-zunahme in %	Ausbeute an Nylon in %	Feuchtigkeits-aufnahme der Wolle in %
unbehandelt							12,6
E	40	10	80	10	0,8	37	11,6
	40	10	80	10	0,8	38	–
B	35	17,5	80	10	4,1	100	–
	35	17,5	80	10	4,3	104	–
	35	17,5	80	10	4,7	107	11,7
D	25	12,5	80	10	1,3	44	–
	25	12,5	80	10	1,7	58	–
	25	12,5	80	10	0,8	28	12,0
B	35	17,5	60	15	2,5	62	–
	35	17,5	60	15	2,7	66	–
	35	17,5	60	15	2,5	61	11,2
D	25	12,5	60	15	1,7	60	11,2
	25	12,5	60	15	1,7	64	–
B	35	17,5	40	60	2,2	56	11,2
	35	17,5	40	60	2,6	63	–
D	25	12,5	40	60	1,6	60	11,2
	25	12,5	40	60	1,6	68	–
D	25	12,5	25	24 h	1,9	69	–
	25	12,5	25	24 h	1,7	62	11,2
C	50	12,5	25	24 h	1,3	48	11,2
	50	12,5	25	24 h	1,4	57	–

Tab. 9 (Fortsetzung)

Ansatz	Flächen-schrumpf nach 120 Minuten effektiver Waschzeit in %	Naßreiß-festigkeit in g	Naßreiß-dehnung in %	Alkali-löslichkeit in %	Harnstoff-Bisulfit-Löslichkeit in %	Cystingehalt in %	Lanthionin-gehalt in %
unbehandelt	60,0	335	45,7	12,3	16,2	10,3	0,65
E	–	241	42,2	8,1	–	–	–
	20,0	–	–	–	–	–	–
B	7,0	–	–	–	–	–	–
	3,0	–	–	–	–	–	–
	–	318	46,4	9,4	8,2	9,7	–
D	27,0*	–	–	–	–	–	–
	16,0	–	–	–	–	–	–
	–	274	44,6	8,5	–	–	–
B	3,0	–	–	–	–	–	–
	4,0	–	–	–	–	–	–
	–	322	48,4	9,9	–	–	–
D	–	340	46,6	8,6	–	–	–
	16,0	–	–	–	–	–	–
B	–	339	46,4	8,9	7,0	–	–
	3,0	–	–	–	–	–	–
D	18,0	–	–	–	–	–	–
	–	340	49,4	8,4	–	–	–
D	11,0	–	–	–	–	–	–
	–	342	46,6	8,5	8,5	9,9	0,71
C	–	320	47,4	7,4	–	–	–
	14,0	–	–	–	–	–	–

* Nicht mit Alkohol extrahiertes Material.

Tab. 10 Ergebnisse der bei verschiedenen Reaktionsbedingungen unter Verwendung des Sebacinsäure-bis-p-thiokresylesters und Hexamethylendiamin durchgeführten Ausrüstungen

Ansatz	Hexamethylen-diamin-konzentration (mMol/100 ml)	Ester-konzentration (mMol/100 ml)	Poly-kondensations-temperatur in °C	Poly-kondensations-dauer in Minuten	Gewichts-zunahme in %	Ausbeute an Nylon in %	Feuchtigkeits-aufnahme der Wolle in %
unbehandelt							12,6
A	70	17,5	95	15	1,0	31	–
	70	17,5	95	15	0,7	21	12,6
B	35	17,5	95	15	0,8	25	–
	35	17,5	95	15	0,9	21	11,4
A	70	17,5	80	30	6,1	145	–
	70	17,5	80	30	4,5	115	–
	70	17,5	80	30	3,0	75	12,3
A	70	17,5	80	30	1,2	44	12,45
	70	17,5	80	30	2,0	60	–
B	35	17,5	80	30	1,3	40	–
	35	17,5	80	30	1,0	27	12,2
C	50	12,5	80	30	1,6	75	11,7
B	35	17,5	60	60	–	–	–
	35	17,5	60	60	–	–	11,8
F	40,5	15,0	80	45	2,0	58	11,8
	40,5	15,0	80	45	1,6	43	–
G	79,5	15,0	80	45	1,8	38	11,8
	79,5	15,0	80	45	2,4	56	–
H	67,5	25,0	80	45	3,2	60	11,8

Tab. 10 (Fortsetzung)

Ansatz	Flächenschrumpf nach 120 Minuten effektiver Waschzeit in %	Naßreißfestigkeit in g	Naßreißdehnung in %	Alkalilöslichkeit in %	Harnstoff-Bisulfit-Löslichkeit in %	Cystingehalt in %	Lanthioningehalt in %
unbehandelt	60	335	45,7	12,3	16,2	10,3	0,65
A	21	–	–	–			
	–	34	31,7	8,3			
B	36	–	–	–			
	–	146	39,1	7,5			
A	0,7	–	–	–			
	7,0	–	–	–			
	–	116	38,9	7,4			
A	–	–	–	7,4			
	24	–	–	–			
B	22	–	–	–			
	–	240	43,9	7,0			
C	29	200	42,8	6,2			
B	22	–	–	–	–	–	–
	–	272	45,2	7,6	1,9	8,0	1,74
F	7,5						
	4,0						
G	5,5						
	3,0						
H	7,5						

5. Zusammenfassende Diskussion der Ergebnisse

Die vorliegende Arbeit hat gezeigt, daß aus aktivierten Sebacinsäureestern und Hexamethylendiamin in wäßrigen Emulsionen Nylon 610 dargestellt werden kann. Die erhaltenen Polyamide sind in ihrem Molekulargewicht denjenigen durch Schmelzkondensation oder Grenzflächenpolykondensation gewonnenen vergleichbar.
Die ausgearbeiteten Methoden zur Herstellung von Nylon 610 lassen sich zur Antifilzausrüstung von Wolle verwenden. Wird z. B. ein Probegestrick mit einer wäßrigen Emulsion von aktiviertem Sebacinsäureester und Hexamethyldiamin getränkt und anschließend einer Hitzebehandlung ausgesetzt, so bildet sich auf der Faseroberfläche Nylon 610. Bei Nylonauflagen von 2 bis 3% wird die nach 120 Minuten effektiver Waschzeit ermittelte Flächenschrumpfung von 60% auf weniger als 10% erniedrigt. Die auszurüstende Wolle muß vor der Behandlung gereinigt, z. B. mit Alkohol extrahiert werden, damit die in Form eines Films gebildete Beschichtung möglichst einheitlich ausfällt.
Von den vier für die Ausrüstungsversuche verwendeten aktivierten Sebacinsäureestern (s. 4.2) zeigte der Sebacinsäure-bis-2,4,5-trichlorphenylester die besten Resultate (s. 4.23). Bei guten Filzfreieffekten ist die während der Behandlung eintretende Veränderung der chemischen Daten auf Grund kurzer Reaktionszeiten und niedriger Hexamethylendiaminkonzentrationen gering. Beim Sebacinsäure-bis-o-nitrophenylester wurden ähnlich gute Ergebnisse erzielt. Da Sebacinsäure-bis-p-nitrophenylester und -p-thiokresylester langsamer mit Hexamethylendiamin reagieren, müssen Reaktionszeit und -temperatur erhöht werden. Das hat zur Folge, daß die Wolle während der Behandlung stärker chemisch modifiziert wird. Auf Grund der geringen Reaktionsgeschwindigkeit ist bei Verwendung von Sebacinsäure-bis-p-thiokresylester eine Ausrüstung in einem Bad möglich, während bei Sebacinsäure-bis-2,4,5-trichlorphenylester, Sebacinsäure-bis-o-nitrophenylester und Sebacinsäure-bis-p-nitrophenylester auf Grund der sehr hohen Reaktionsgeschwindigkeit Hexamethylendiamin und aktivierter Ester in der Praxis nacheinander auf die Wolle gebracht werden müßten (Zweibadverfahren).
Die bei der Polykondensation freigesetzten Phenole lassen sich mit Ausnahme des p-Thiokresols mit warmem Wasser und verdünnter Sodalösung gut auswaschen. Zur Entfernung von p-Thiokresol ist eine Nachextraktion mit Alkohol erforderlich.
Der Griff der ausgerüsteten Wolle ist brauchbar. Die Anfärbbarkeit wird durch die Ausrüstung verbessert, die Feuchtigkeitsaufnahme um 0,2–1,6% erniedrigt. Die Änderung in den chemischen und technologischen Daten ist von der Hexamethylendiaminkonzentration, der Reaktionszeit und der Reaktionstemperatur abhängig. Da auch bei niedrigen Temperaturen sehr gute Filzfreieffekte erzielt werden können, sollte die Reaktionstemperatur möglichst niedrig gehalten werden. Der erzielte Filzfreieffekt wird nahezu ausschließlich durch die Höhe der Nylonauflage bestimmt und nicht durch die Reaktionstemperatur.

6. Experimenteller Teil

6.1 Allgemeines

Die Elementaranalysen wurden im mikroanalytischen Laboratorium A. Bernhardt in Mülheim a. d. Ruhr ausgeführt.

Die Bestimmung der Schmelzpunkte wurde ohne Korrektur mit einem Monoskop der Fa. Bock, Frankfurt a. M., durchgeführt. Die chromatographischen Untersuchungen wurden auf Schleicher-Schüll-Papier Nr. 2043b und auf Kieselgelplatten mit folgenden Laufmitteln durchgeführt:

a) SBA: sec. Butanol, Ameisensäure, Wasser im Verhältnis 75:13,5:11,5 (v/v)

b) SBN: sec. Butanol, Ammoniak (etwa 10%ige Lösung) im Verhältnis 85:15 (v/v)

Die Anfärbung der Chromatogramme erfolgte mit Ninhydrin. Aromaten wurden durch Bestrahlen mit UV-Licht sichtbar gemacht.
Zur Molekulargewichtsbestimmung diente ein Ostwaldt-Viskosimeter mit zwei Kapillaren, in denen m-Kresol bei 25°C eine Durchlaufzeit von ca. 100 sec und 180 sec besaß.

Zur Aminoendgruppentitration in Phenol/Wasser (80/20) wurde ein Autotitrator (TTT 1a, Radiometer, Kopenhagen, mit Schreiber SBR 2c) verwendet. Als Titriermittel diente *n*/50 Salzsäure.
Dioxan und Triäthylamin wurden über Natrium unter Rückfluß gekocht und anschließend destilliert. Dimethylformamid wurde über Phosphorpentoxid getrocknet und im Vakuum destilliert. Chlorameisensäureäthylester, Hexamethylendiamin, Phenol, m-Kresol, p-Thiokresol, Thiophenol, 2,4,5-Trichlorphenol wurden durch Vakuumdestillation gereinigt. p-Nitrophenol wurde folgendermaßen gereinigt:
50 g p-Nitrophenol und 5 g Aktivkohle wurden in 1 Liter Wasser, das 2% Salzsäure enthielt, 10 Minuten gekocht, abfiltriert und abgekühlt. Die ausgefallenen Kristalle wurden abgesaugt und über Phosphorpentoxid getrocknet.
o-Nitrophenol wurde durch Wasserdampfdestillation gereinigt, 2,4-Dinitrophenol durch Umkristallisation aus Äthanol. Als Emulgatoren wurden ®Emulphor O, ®Nekanil O (BASF) und ®Stokopal T (Fa. Stockhausen, Krefeld) verwendet.

6.2 Darstellung von Vorprodukten

6.21 N-Hydroxyphthalimid [40]

69,5 g (1 Mol) Hydroxylaminhydrochlorid und 101,2 g (1 Mol) Triäthylamin wurden unter Erhitzen in 500 ml Methanol gelöst. Nach dem Abkühlen wurden 150 g (1 Mol) Phthalsäureanhydrid zugegeben. Es wurde 3 Stunden unter Rückfluß gekocht und danach das überschüssige Methanol abdestilliert. Der Rückstand wurde mit 2 Litern angesäuertem Wasser geschüttet. Nach 15 Minuten Rühren wurde das Produkt abfiltriert, mit Wasser gewaschen und getrocknet.
Ausbeute: 94 g = 58% d. Th. (Lit. 60%), Fp. 228°C (Lit. 230°C).

6.22 N-Hydroxysuccinimid [16]

100 g (1 Mol) Bernsteinsäureanhydrid wurden mit 69,5 g (1 Mol) Hydroxylaminhydrochlorid in einem 1-Liter-Kolben gemischt. Der Kolben wurde an einen Rotations-

verdampfer angeschlossen und im Glycerinbad schnell auf 125° C erhitzt. Das abgeschiedene Wasser wurde in der Vorlage, die mit Aceton-Trockeneis gekühlt war, kondensiert. Nach 1 Stunde wurde die Temperatur langsam auf 160° C gesteigert. Nach Beendigung der Wasserabscheidung wurde die Heizung abgestellt und die auf 125° C abgekühlte viskose Masse unter starkem Rühren in einen Plastikbecher, der 400 ml Äther enthielt, gegossen. Die Ätherschicht wurde nach Erstarrung des Reaktionsproduktes dekantiert und der Rückstand mit 400 ml absolutem *n*-Butanol gekocht. Anschließend wurde abfiltriert und das Filtrat über Nacht im Kühlschrank aufbewahrt. Das kristalline Produkt wurde dann abgesaugt und mit *n*-Butanol und Äther gewaschen. Das Rohprodukt (75 g) schmilzt bei 93–95° C und besitzt eine schwach braune Farbe. Nach Behandlung mit 450 ml heißem Essigester (6 ml/g) wurde das Reaktionsprodukt abfiltriert und abermals mit 60 ml heißem Essigester behandelt. Die beiden Filtrate wurden abgekühlt und das ausfallende farblose kristalline Material abfiltriert und getrocknet.
47 g = 41% d. Th. (Lit. 50 g = 44% d. Th.), Fp. 97–98° C (Lit. 99–100° C).

6.23 p-Nitrothiophenol

157,6 g (1 Mol) p-Nitrochlorbenzol wurden in 800 ml 94%igem Äthanol gelöst. Unter Rühren wurde bei 80° C eine Schmelze von 264 g kristallinem Schwefelnatrium ($Na_2S \cdot 9\ H_2O$) und 35 g Schwefel hinzugefügt. Die Lösung wurde eine halbe Stunde auf 80° C erwärmt und dann mit 2,5 Liter Wasser verdünnt. Nach Zugabe von Aktivkohle wurde mehrere Stunden gerührt und dann abgesaugt. Anschließend wurde mit verdünnter Essigsäure schwach angesäuert, wobei das p-Nitrophenylmercaptan ausfiel. Es wurde mit 200 ml Chloroform aufgenommen. Die Chloroformlösung wurde im Scheidetrichter von der wäßrigen Phase abgetrennt und mit Natriumsulfat getrocknet. Beim Abdestillieren des Lösungsmittels wurden 79 g p-Nitrothiophenol erhalten.
Fp. = 76° C (Lit. 95 g = 61% d. Th., Fp. = 78° C).
Bei weiterem Umkristallisieren sanken die Ausbeuten sehr stark.

6.3 Darstellung der aktivierten Sebacinsäureester

6.31 Nach der »gemischten Anhydrid«-Methode [22–25]

30,3 g (0,15 Mol) Sebacinsäure wurden in 500 ml absolutem Dimethylformamid gelöst und in einem 2-Liter-Dreihaltskolben unter Rühren mit 42 ml (0,3 Mol) Triäthylamin versetzt. Nach Abkühlen der Reaktionslösung auf —5° C läßt man langsam 29 ml (0,3 Mol) Chlorameisensäureäthylester zutropfen. Zur vollständigen Umsetzung des Chlorameisensäureäthylesters zum gemischten Anhydrid rührt man nach der Zugabe noch 30 Minuten bei —5° C weiter. Dann gibt man zu dieser Reaktionslösung in der zweiten Stufe tropfenweise jeweils eine Lösung von 0,45 Mol (50%iger Überschuß) Thiophenol, p-Thiokresol, p-Nitrophenol, 2,4-Dinitrophenol, p-Nitrothiophenol, 2,4,5-Trichlorphenol, *N*-Hydroxysuccinimid oder *N*-Hydroxyphthalimid in Dimethylformamid. Auch während dieser Reaktion wird der Kolben mit Eis–Kochsalz-Mischung gekühlt. Im Laufe der nächsten 2 Stunden läßt man unter ständigem Rühren die Temperatur des Kolbeninhalts auf 20° C steigen, um ihn dann mit einem Überschuß an Wasser zu versetzen. Dabei geht das in der ersten Stufe gebildete Triäthylamin-hydrochlorid in Lösung, und der entstandene Sebacinsäureester scheidet sich ab. Er wird abfiltriert und umkristallisiert. Nach zwei- bis dreimaliger Umkristallisation erhält man sehr schöne Kristalle. Weitere Angaben siehe Tab. 11.

6.32 Nach der »Carbodiimid«-Methode [44, 45]

Zu 30,3 g (0,15 Mol) Sebacinsäure in 300 ml absolutem Dimethylformamid wurde eine Lösung von 41,3 g (0,3 Mol) *N,N'*-Dicyclohexylcarbodiimid in 200 ml Dimethylformamid zugegeben. Zu dieser Reaktionslösung wurde jeweils eine Lösung von (0,3 Mol) p-Nitrophenol, o-Nitrophenol, 2,4-Dinitrophenol, p-Nitrothiophenol, 2,4,5-Trichlorphenol, *N*-Hydroxysuccinimid oder *N*-Hydroxyphthalimid in 100 ml Dimethylformamid zugefügt. Schon nach kurzer Zeit fielen erhebliche Mengen Dicyclohexylharnstoff aus. Nach Aufbewahren über Nacht im Eisschrank wurde abgesaugt und der Rückstand zweimal in 100 ml Dimethylformamid suspendiert und abgesaugt. Die vereinigten Filtrate wurden am Rotationsverdampfer eingeengt. Der dabei nachträglich ausgefallene Dicyclohexylharnstoff wurde abfiltriert. Das Filtrat wurde dann unter Rühren in 2 Liter Wasser gegossen. Der Sebacinsäureester blieb einige Stunden stehen, wurde dann abfiltriert und anschließend umkristallisiert. Nach zwei- bis dreimaliger Umkristallisation erhält man sehr reine Produkte. Weitere Einzelheiten siehe Tab. 11.

6.33 Nach der »Säurechlorid«-Methode

Jeweils 0,3 Mol der folgenden Verbindungen wurden in 300 ml absolutem Dioxan gelöst: Thiophenol, p-Thiokresol, p-Nitrophenol, o-Nitrophenol, 2,4-Dinitrophenol, p-Nitrothiophenol, 2,4,5-Trichlorphenol, *N*-Hydroxysuccinimid oder *N*-Hydroxyphthalimid. Nach Zugabe von 42 ml (0,3 Mol) Triäthylamin wurden 31,7 ml (0,15) Sebacinsäuredichlorid in 300 ml absolutem Dioxan langsam unter Rühren und Eiskühlung zugetropft. Unter Erwärmung schied sich Triäthylammoniumchlorid ab. Der Ansatz wurde einige Stunden im Kühlschrank aufbewahrt und dann in 2 Liter Wasser gegossen, wobei der Ester ausfiel. Nach einigen Stunden wurde der Niederschlag abgesaugt, mit Wasser mehrmals gewaschen und anschließend umkristallisiert. Schon nach einmaliger Umkristallisation erhält man sehr reine Produkte. Weitere Einzelheiten siehe Tab. 11.

6.34 Andere Methoden

6.341 Darstellung von Sebacinsäure-bis-cyanmethylester [10]

30,3 g (0,15 Mol) Sebacinsäure wurden mit 42 ml (0,3 Mol) Triäthylamin übergossen und dann mit 34 g (0,45 Mol) Chloracetonitril verrührt. Dabei entstand in exothermer Reaktion eine viskose Masse, welche zur Beendigung der Umsetzung 2 Stunden bei Zimmertemperatur gerührt wurde. Anschließend wurde der Überschuß an Chloracetonitril im Vakuum abdestilliert und der Rückstand mit Essigester aufgenommen, wobei sich das entstandene Triäthylamin-hydrochlorid ausschied. Durch Absaugen wurde Triäthylamin-hydrochlorid abgetrennt, das Filtrat mit verdünnter Salzsäure und anschließend mit Natriumcarbonat und mit Wasser gewaschen. Nach Trocknen über Natriumsulfat wurde der Essigester im Vakuum abdestilliert. Der Rückstand wurde dann zweimal aus Methanol umkristallisiert, davon einmal unter Zugabe von Aktivkohle. Man erhält farblose Blättchen.
Ausbeute: 38 g = 90% d. Th., Fp. 43–44°C.

6.342 Darstellung von Sebacinsäuredimethylester

30,3 g (0,15 Mol) Sebacinsäure wurden mit 200 ml Methanol und 25 ml konzentrierter Salzsäure 8 Stunden unter Rückfluß gekocht. Anschließend wurden überschüssiges Methanol und überschüssige Salzsäure abdestilliert. Sebacinsäuredimethylester siedet bei 10 Torr bei 160°C.
Ausbeute: 30 g = 88% d. Th.

6.35 Eigenschaften der aktivierten Sebacinsäureester

Die synthetisierten Sebacinsäureester lassen sich aus Alkohol umkristallisieren, mit Ausnahme von Sebacinsäure-bis-*N*-succinimidester und Sebacinsäure-bis-*N*-phthalimidester. Diese können aus Methylenchlorid/Äther umkristallisiert werden. Die Sebacinsäureester sind unlöslich in Wasser, löslich in Dimethylformamid, Dioxan, Tetrahydrofuran und mehr oder weniger gut in Benzol und Aceton.
In Tab. 11 sind die Eigenschaften der synthetisierten Ester zusammengefaßt. In Tab. 12 sind die analytischen Daten der synthetisierten Sebacinsäureester zusammengestellt. Die Daten stammen außer beim Cyanmethylester von den nach dem Säurechloridverfahren hergestellten Substanzen.

Tab. 11 Eigenschaften der synthetisierten Sebacinsäureester

Ester	Umkristallisierbar aus:	Aussehen der Kristalle
Sebacinsäure-bis-thiophenylester	Äthanol	farblose Nadeln
Sebacinsäure-bis-p-thiokresylester	Methanol	farblose Stäbchen
Sebacinsäure-bis-p-nitrophenylester	Isopropanol oder Benzol	farblose Kristalle
Sebacinsäure-bis-o-nitrophenylester	Äthanol	grünliche Stäbchen
Sebacinsäure-bis-2,4-dinitrophenylester	Äthanol	sehr schwach gelbe Kristalle
Sebacinsäure-bis-p-nitrothiophenylester	Isopropanol oder Benzol	hellgelbe Stäbchen
Sebacinsäure-bis-2,4,5-trichlorphenylester	Äthanol	farblose Stäbchen
Sebacinsäure-bis-*N*-succinimidester	Methylenchlorid/Äther	feine, farblose Kristalle
Sebacinsäure-bis-*N*-phthalimidester	Methylenchlorid/Äther	blattförmige, farblose Kristalle
Sebacinsäure-bis-cyanmethylester	Methanol	blattförmige, farblose Kristalle
Sebacinsäuredimethylester	gereinigt durch Destillation	flüssig, farblos

6.4 Darstellung von Nylon 610 aus aktivierten Sebacinsäureestern und Hexamethylendiamin

5 mMol Sebacinsäureester wurden in *X* ml Benzol[a)] gelöst. Anschließend wurden 20% Emulphor O (bezogen auf das Estergewicht) unter Erhitzen in *Y* ml Wasser[b)] zugegeben. Die Esterlösung wurde langsam zu der Wasser–Emulgator-Lösung unter starkem Vibrieren[c)] zugegeben. Das Vibrieren dauerte 2 Minuten. Die Emulsion wurde dann in einen 250 ml Dreihalskolben gegeben, der mit Rückflußkühler, mechanischem Rührer und Thermometer versehen war. Die Emulsion wurde dann unter intensivem Rühren mit Hilfe eines Thermostaten auf die Reaktionstemperatur[d)] gebracht. Dann wurden 1,16 g (10 mMol) Hexamethylendiamin in Form einer 10%igen Lösung zugegeben. Nach Beendigung der Reaktion[e)] wurde der Kolbeninhalt durch eine Glasfritte

Tab. 12 Elementaranalyse der Sebacinsäureester, die (außer dem Cyanmethylester) nach der Säurechlorid-Methode dargestellt wurden

Ester	Formel	Molekulargewicht	Schmelzpunkt in °C	Elementaranalyse							
				C ber.	C gef.	H ber.	H gef.	N ber.	N gef.	S ber.	S gef.
Sebacinsäure-bis-thiophenylester	$C_{22}H_{26}O_2S_2$	386,582	58–59,5	68,35	68,09	6,78	6,64	–	–	16,56	16,81
Sebacinsäure-bis-p-thiokresylester	$C_{24}H_{30}O_2S_2$	414,636	70–70,5	69,52	69,50	7,29	7,23	–	–	15,46	15,61
Sebacinsäure-bis-2,4-dinitrophenylester	$C_{22}H_{22}N_4O_{12}$	534,45	83,5–84	49,44	49,52	4,14	4,31	10,48	10,59	–	–
Sebacinsäure-bis-p-nitrothiophenylester	$C_{22}H_{24}N_2O_2S_2$	476,582	96–98	55,44	55,07	5,05	5,10	5,87	5,88	13,45	14,06
Sebacinsäure-bis-2,4,5-trichlorphenylester	$C_{22}H_{20}O_4Cl_6$	561,144	70–71	47,09	47,27	3,60	3,59	–	–	–	–
Sebacinsäure-bis-*N*-succinimidester	$C_{18}H_{24}N_2O_8$	396,406	162	54,54	54,65	6,10	6,13	7,06	7,06	–	–
Sebacinsäure-bis-*N*-phthalimidester	$C_{26}H_{24}N_2O_8$	492,494	134–36	63,36	63,27	4,91	4,95	5,68	5,80	–	–
Sebacinsäure-bis-cyanmethylester	$C_{14}H_{20}N_2O_4$	230,330	43–44	59,98	60,00	7,19	6,94	9,99	9,99	–	–

Chloranalyse von Sebacinsäure-bis-2,4,5-trichlorphenylester: Cl ber. = 37,91; Cl gef. = 38,08.

abgesaugt und mehrmals mit warmem Wasser gewaschen. Das erhaltene Produkt wurde im Soxhlett 12 Stunden mit Methanol extrahiert. Anschließend wurde es an der Luft getrocknet.

[a] Man gibt so viel Benzol zu, bis der Ester gerade in Lösung geht. Man braucht im allgemeinen 3–10 ml Benzol, nur beim Sebacinsäure-bis-*N*-succinimidester werden ca. 25 ml benötigt.
[b] Man gibt so viel Wasser zu, bis die gesamte Lösungsmenge etwa 50 ml beträgt.
[c] Als Vibrator wurde ein Ultra Turrax der Firma Janke und Kunkel, Staufen i. Br., verwendet.
[d] 25° C, 50° C und 80° C.
[e] Siehe 3.34.

6.5 Bestimmung der Reaktionsgeschwindigkeit

46,8 ml Esteremulsion (2 mMol) wurden auf die gewünschte Reaktionstemperatur (25, 40, 60 und 80° C) gebracht und unter kräftigem Rühren mit 23,2 ml 1%iger wäßriger Hexamethylendiaminlösung (4 mMol) umgesetzt. Dann wurde in bestimmten Zeitabständen 1 ml der Reaktionsmischung abpipettiert, in 10 ml Phenol/Wasser (90/10) gelöst und unter Rühren am Autotitrator mit *n*/10 Salzsäure titriert.

6.6 Darstellung von Nylon 610 aus Sebacinsäuredichlorid und Hexamethylendiamin [29]

Eine Lösung von 2,56 g (0,022 Mol) Hexamethylendiamin und 1,76 g (0,044 Mol) Natriumhydroxid in 220 ml Wasser wurde in einem 800 ml Becherglas in 15 sec mit einer Lösung von 5,26 g (0,022 Mol) Sebacinsäuredichlorid in 380 ml Tetrachlorkohlenstoff unter Vibrieren versetzt. Nach zwei Minuten wurde das Polyamid durch eine Glasfritte abgesaugt und mehrmals mit Wasser gewaschen, bis es frei von Alkali war. Das Produkt wurde dann an der Luft und anschließend im Vakuumtrockenschrank 3 Stunden bei 50° C über Phosphorpentoxid getrocknet. Ein Teil des Produktes wurde 12 Stunden mit Methanol extrahiert.
Nach der gleichen Vorschrift wurde an Stelle von Natriumhydroxid auch mit Natriumcarbonat 4,66 g (0,044 Mol) mit und ohne Nekanil O gearbeitet.

6.7 Ausrüstung von Wolle mit Nylon 610

6.71 *Material*

Für alle Ausrüstungsversuche wurde das gleiche rohweiße Kammgarn der Nm 30/2, Wollfeinheit 21 μ, Zwirndrehung ca. 200/mS, Spinndrehung ca. 370/mZ verwendet, das durch die folgenden Analysendaten charakterisiert ist:

Naßreißfestigkeit	335 g
Naßreißdehnung	45,7 %
Alkalilöslichkeit	12,3 %
Harnstoff-Bisulfit-Löslichkeit	16,2 %
Cystingehalt	10,34%
Lanthioningehalt	0,65%

Dieses Garn wurde nach der Vorschrift eines Standardverfahrens [39] zur Prüfung des Filzverhaltens von Garnen zu Schlauchware verstrickt. Die Prüflinge besaßen eine Strickdichte, die einem cover factor von $K_m = 4{,}0$ [39] für den relaxierten Zustand entsprach. Aus diesem Wollgestrick wurden 20×20 cm große Proben in doppelter Lage durch Vernähen hergestellt. An den genähten und zugeschnittenen Probegestricken wurden jeweils acht Meßmarken etwa 2,5 cm von den Rändern entfernt so angebracht, daß ein Meßquadrat mit Meßpunkten in den Ecken und Seitenmitten entstand. Die Marken wurden unter Verwendung von kontrastierendem Baumwollgarn mit Kreuzstich so eingenäht, daß nur die obere Lage der doppelt liegenden Proben dabei erfaßt wurde.

6.72 Extraktion und Pufferung der Wolle

Das Wollgestrick wurde 12 Stunden mit Äthanol extrahiert und danach in fließendem Leitungswasser gespült. Anschließend wurde es mit einer 0,2%igen Lösung von Tetranatriumpyrophosphat, die 0,1% ®Nekanil O als Netzmittel enthielt, 1 Stunde lang behandelt. Bei dieser Behandlung wurde ein Flottenverhältnis von 25:1 und eine Temperatur von 40°C eingehalten. Anschließend wurde dreimal mit destilliertem Wasser gespült, getrocknet und konditioniert.

6.73 Ausrüstungsversuche mit aktivierten Sebacinsäureestern

6.731 Allgemeine Behandlungsmethode

Die Wolle wurde, wie unter 6.72 beschrieben, mit Alkohol extrahiert und mit einer 0,2%igen Tetranatriumphosphat-Lösung vorbehandelt. Die Zusammensetzung der Behandlungsbäder wird bei den einzelnen Ausrüstungen beschrieben.
Die Sebacinsäureester wurden in Benzol gelöst. Diese Lösung wurde unter Vibrieren mit 20 ml einer 20%igen wäßrigen Emulgatorlösung (®Emulphor O, bezogen auf das Estergewicht) gemischt. Das Vibrieren dauerte 2 Minuten. Die Emulsion wurde auf 5°C abgekühlt und dann mit Hexamethylendiamin versetzt. Zwei Wollproben von ca. 35 g wurden in diese Emulsion eingetaucht, zweimal mit der Hand abgepreßt und dann auf 80–90% Gewichtszunahme abgequetscht. Die Proben wurden dann in Filterpapierbogen gewickelt und in ein Dampfbad* gebracht. Die Fixierung bzw. die Polykondensation wurde bei verschiedenen Temperaturen durchgeführt. Die Polykondensationsdauer wurde je nach der Polykondensationstemperatur festgesetzt (s. unter 3.34 sowie Tab. 7–10). Bei der Fixierung bei Zimmertemperatur wurden die Proben in Plastikfolie gewickelt und in einen Exsikkator gestellt. Nach der Fixierung wurden die Proben:

1. mit warmem Wasser gespült,
2. ½ Stunde mit kalter 2%iger Sodalösung behandelt,
3. mit warmem Wasser gespült,
4. mit 1%iger Essigsäure neutralisiert,
5. mit kaltem Leitungswasser gespült.

Anschließend wurde zentrifugiert, getrocknet und konditioniert. Die Gewichtszunahme wurde bei allen Proben nach sechsstündiger Alkoholextraktion ermittelt. Bei dieser Extraktion wurde bei den Proben, die unter Verwendung von Sebacinsäure-bis-p-thiokresylester ausgerüstet worden waren, gleichzeitig das mit Wasser nicht auswaschbare p-Thiokresol entfernt.

* Die Fixierung von Nylon 610 auf Wolle wurde in einer labormäßigen Vakuumdämpfanlage bei bestimmtem Dampfdruck und bestimmter Temperatur durchgeführt. Der Dampfdruck wurde so reguliert, daß dabei der Flüssigkeitsgehalt der Wolle konstant blieb.

6.732 Ausrüstung mit Nylon 610 aus Sebacinsäure-bis-o-nitrophenylester und Hexamethylendiamin

Die Ausrüstung wurde mit verschiedenen Ester- bzw. Diaminkonzentrationen bei verschiedenen Temperaturen durchgeführt. Die Bäder besaßen folgende Zusammensetzung:

Ansatz A

7,8 g	(17,5 mMol)	Sebacinsäure-bis-o-nitrophenylester
12,0 ml		Benzol
1,6 g		Emulgator (Emulphor O)
16,2 g	(70,0 mMol)	50%ige Hexamethylendiaminlösung
auf 100,0 ml		mit Wasser aufgefüllt

Ansatz B

7,8 g	(17,5 mMol)	Sebacinsäure-bis-o-nitrophenylester
12,0 ml		Benzol
1,6 g		Emulgator (Emulphor O)
8,1 g	(35,0 mMol)	50%ige Hexamethylendiaminlösung
auf 100,0 ml		mit Wasser aufgefüllt

Ansatz C

5,5 g	(12,5 mMol)	Sebacinsäure-bis-o-nitrophenylester
8,0 ml		Benzol
1,2 g		Emulgator (Emulphor O)
11,6 g	(50,0 mMol)	50%ige Hexamethylendiaminlösung
auf 100,0 ml		mit Wasser aufgefüllt

6.733 Ausrüstung mit Nylon 610 aus Sebacinsäure-bis-p-nitrophenylester und Hexamethylendiamin

Ansatz A

7,8 g	(17,5 mMol)	Sebacinsäure-bis-p-nitrophenylester
40,0 ml		Benzol
1,5 g		Emulgator (Emulphor O)
16,2 g	(70,0 mMol)	50%ige Hexamethylendiaminlösung
auf 120,0 ml		mit Wasser aufgefüllt

Ansatz B

7,8 g	(17,5 mMol)	Sebacinsäure-bis-p-nitrophenylester
40,0 ml		Benzol
1,5 g		Emulgator (Emulphor O)
8,1 g	(35,0 mMol)	50%ige Hexamethylendiaminlösung
auf 120,0 ml		mit Wasser aufgefüllt

Ansatz C

5,5 g	(12,5 mMol)	Sebacinsäure-bis-p-nitrophenylester
30,0 ml		Benzol
1,1 g		Emulgator (Emulphor O)
11,6 g	(50,0 mMol)	50%ige Hexamethylendiaminlösung
auf 120,0 ml		mit Wasser aufgefüllt

Ansatz D

5,5 g	(12,5 mMol)	Sebacinsäure-bis-p-nitrophenylester
30,0 ml		Benzol
1,1 g		Emulgator (Emulphor O)
5,8 g	(25,0 mMol)	50%ige Hexamethylendiaminlösung
auf 120,0 ml		mit Wasser aufgefüllt

6.734 Ausrüstung mit Nylon 610 aus Sebacinsäure-bis-2,4,5-trichlorphenylester und Hexamethylendiamin

Ansatz B

	9,5 g	(17,5 mMol)	Sebacinsäure-bis-2,4,5-trichlorphenylester
	13,0 ml		Benzol
	2,0 g		Emulgator (Emulphor O)
	8,1 g	(35,0 mMol)	50%ige Hexamethylendiaminlösung
auf	100,0 ml		mit Wasser aufgefüllt

Ansatz C

	7,0 g	(12,5 mMol)	Sebacinsäure-bis-2,4,5-trichlorphenylester
	10,0 ml		Benzol
	1,4 g		Emulgator (Emulphor O)
	11,6 g	(50,0 mMol)	50%ige Hexamethylendiaminlösung
auf	100,0 ml		mit Wasser aufgefüllt

Ansatz D

	7,0 g	(12,5 mMol)	Sebacinsäure-bis-2,4,5-trichlorphenylester
	10,0 ml		Benzol
	1,4 g		Emulgator (Emulphor O)
	5,8 g	(25,0 mMol)	50%ige Hexamethylendiaminlösung
auf	100,0 ml		mit Wasser aufgefüllt

Ansatz E

	5,6 g	(10,0 mMol)	Sebacinsäure-bis-2,4,5-trichlorphenylester
	8,0 ml		Benzol
	1,2 g		Emulgator (Emulphor O)
	9,3 g	(40,0 mMol)	50%ige Hexamethylendiaminlösung
auf	100,0 ml		mit Wasser aufgefüllt

6.735 Ausrüstung mit Nylon 610 aus Sebacinsäure-bis-p-thiokresylester und Hexamethylendiamin

Ansatz A

	7,3 g	(17,5 mMol)	Sebacinsäure-bis-p-thiokresylester
	15,0 ml		Benzol
	1,5 g		Emulgator (Emulphor O)
	16,2 g	(70,0 mMol)	50%ige Hexamethylendiaminlösung
auf	100,0 ml		mit Wasser aufgefüllt

Ansatz B

	7,3 g	(17,5 mMol)	Sebacinsäure-bis-p-thiokresylester
	15,0 ml		Benzol
	1,5 g		Emulgator (Emulphor O)
	8,1 g	(35,0 mMol)	50%ige Hexamethylendiaminlösung
auf	100,0 ml		mit Wasser aufgefüllt

Ansatz C

	5,2 g	(12,5 mMol)	Sebacinsäure-bis-p-thiokresylester
	10,0 ml		Benzol
	1,1 g		Emulgator (Emulphor O)
	11,6 g	(50,0 mMol)	50%ige Hexamethylendiaminlösung
auf	100,0 ml		mit Wasser aufgefüllt

Ansatz F

6,2 g	(15,0 mMol)	Sebacinsäure-bis-p-thiokresylester
12,0 ml		Benzol
1,2 g		Emulgator (Stokopal T)
9,4 g	(40,5 mMol)	50%ige Hexamethylendiaminlösung
auf 100,0 ml		mit Wasser aufgefüllt

Ansatz G

6,2 g	(15,0 mMol)	Sebacinsäure-bis-p-thiokresylester
12,0 ml		Benzol
1,2 g		Emulgator (Stokopal T)
18,4 g	(79,5 mMol)	50%ige Hexamethylendiaminlösung
auf 100,0 ml		mit Wasser aufgefüllt

Ansatz H

10,3 g	(25,0 mMol)	Sebacinsäure-bis-p-thiokresylester
20,0 ml		Benzol
2,0 g		Emulgator (Stokopal T)
15,6 g	(67,5 mMol)	50%ige Hexamethylendiaminlösung
auf 100,0 ml		mit Wasser aufgefüllt

6.74 Analytische Methoden

6.741 Waschtest [39]

Das ausgerüstete und nicht ausgerüstete Wollgestrick wurde zur Prüfung seiner Filzfähigkeit einem Standardverfahren zur Prüfung des Filzverhaltens von Garnen unterworfen. Dabei wurde das Wollgestrick zuerst in Pufferlösung (pH 7) relaxiert. Die Wäsche erfolgte mit destilliertem Wasser in einer Trommelwaschmaschine mit horizontaler Achse unter reproduzierbaren Bedingungen.

6.742 Alkalilöslichkeit [43]

Die Alkalilöslichkeit der Wolle wurde nach der Methode von M. Harris und A. Smith entsprechend der I.W.V.-Vorschrift ermittelt.

6.743 Harnstoff-Bisulfit-Löslichkeit [44]

Die Harnstoff-Bisulfit-Löslichkeit wurde nach der Methode von K. Lees und F. F. Elsworth ermittelt.

6.744 Cystinanalyse [45]

Das Cystin wurde in Wollhydrolysaten nach der Vorschrift von T. Gerthsen bestimmt.

6.745 Lanthioninanalyse [37]

Lanthionin wurde in Wollhydrolysaten nach der Vorschrift von L. M. Dowling und W. G. Crewther bestimmt.

6.746 Naßreißfestigkeit und Naßreißdehnung

Die Bestimmung der Naßreißfestigkeit und der Naßreißdehnung erfolgte aus Zugversuchen an Garn nach DIN 53834 mit einem Gerät der Firma Otto Wolpert (Ludwigshafen), Baujahr 1955.

6.747 Testfärbungen

Die Wolle wurde mit einem sauren Farbstoff (Supranolcyanin G) entsprechend den Firmenvorschriften gefärbt.

6.748 Bestimmung des Nylongehaltes auf der Wolle

Bei der Ausrüstung mit Nylon 610 wird die Feuchtigkeitsaufnahme der Wolle etwas erniedrigt. Daher darf man die Gewichtszunahme bei der Ausrüstung nicht unter Normalklima (DIN 53802) bestimmen, sondern muß die Gewichtszunahme im trockenen Zustand ermitteln.

6.7481 Berechnung der theoretischen Auflage:

Die Wollproben wurden vor und nach der Imprägnierung gewogen. Aus der Gewichtszunahme der Wolle wurde die aufgenommene Menge an Reaktionsmischung berechnet und daraus der theoretische Nylongehalt.

6.7482 Berechnung der tatsächlich aufgenommenen Nylonmenge:

Durch eine Paralleltrockenbestimmung wurde das Trockengewicht und das Gewicht der luftfeuchten Wollproben vor und nach der Ausrüstung bestimmt. Die Trockengewichtsbestimmung wurde so durchgeführt, daß Stücke von ca. 2 g abgeschnitten, gewogen, bei 105°C 2 Stunden getrocknet und nach Abkühlen im Exsikkator (1 Stunde) gewogen wurden. Der Unterschied zwischen dem Trockengewicht vor und nach der Behandlung entspricht dem Nylongehalt.

7. Zusammenfassung

Die Sebacinsäureester folgender Hydroxy- und Mercaptoverbindungen wurden mit *N,N'*-Dicyclohexylcarbodiimid sowie über die gemischten Anhydride und die Säurechloride synthetisiert: Thiophenol, p-Thiokresol, p-Nitrophenol, o-Nitrophenol, 2,4-Dinitrophenol, p-Nitrothiophenol, 2,4,5-Trichlorphenol, *N*-Hydroxysuccinimid und *N*-Hydroxyphthalimid. Sebacinsäure-bis-cyanmethylester wurde aus Sebacinsäure und Chloracetonitril aufgebaut.
Diese aktivierten Sebacinsäureester wurden in wäßrigen Emulsionen mit Hexamethylendiamin umgesetzt und die dabei entstandenen Polyamide durch physikalisch-chemische Methoden charakterisiert. Die Polyamide besaßen Molekulargewichte von 4 000 bis 25 000.
Kinetische Untersuchungen der Reaktion aktivierter Sebacinsäureester mit Hexamethylendiamin haben ergeben, daß die Umsetzungsgeschwindigkeit der einzelnen Ester bei 25°C in folgender Reihe abnimmt:
2,4-Dinitrophenylester, *N*-Hydroxysuccinimidester, p-Nitrothiophenylester, o-Nitrophenylester, p-Nitrophenylester, 2,4,5-Trichlorphenylester, Thiophenylester, p-Thiokresylester.
Bei anderen Reaktionstemperaturen traten bei zwei Estern Verschiebungen innerhalb dieser Reihe auf.
Strickstücke aus Wolle wurden mit Nylon 610, das aus den aktivierten Sebacinsäureestern und Hexamethylendiamin auf der Faser erzeugt wurde, filzfrei ausgerüstet. Die erzielten Antifilzeffekte waren bei Nylonauflagen von 2 bis 3% sehr gut. Die Ausgerüstete Wolle wurde mit chemischen und technologischen Methoden untersucht. Für den erzielten Antifilzeffekt ist die Höhe der Nylonauflage ausschlaggebend, während die bei der Ausrüstung auftretenden Schädigungen von der Hexamethylendiaminkonzentration, der Reaktionszeit und der Reaktionstemperatur abhängen.

Danksagung

Wir danken Fräulein G. TÖPERT und Fräulein F. NAWAB für die Durchführung der chemischen Analysen an ausgerüsteter Wolle und Herrn W. ARNS für Photo- und Zeichenarbeiten.
Der Badischen Anilin- und Sodafabrik, Ludwigshafen, sowie der Fa. Stockhausen, Krefeld, danken wir für die Überlassung von Emulgatoren.
Weiter danken wir dem Gesamtverband der Textilindustrie in der Bundesrepublik Deutschland – Gesamttextil e.V. –, Frankfurt a. M., dem Internationalen Woll-Sekretariat, London und Düsseldorf, und dem Landesamt für Forschung beim Ministerpräsidenten des Landes Nordrhein-Westfalen, Düsseldorf, für die Unterstützung der vorliegenden Arbeit.

8. Literaturverzeichnis

[1] WITTBECKER, E. L., und P. W. MORGAN, J. Polymer Sci. **40** (1959), 289.
MORGAN, P. W., und S. L. KWOLEK, J. Polymer Sci. **40** (1959), 299.
BESMAN, R. G., P. W. MORGAN, C. R. KOLLER, E. L. WITTBECKER und E. E. MAGAT, J. Polymer Sci. **40** (1959), 329.
KATZ, M., J. Polymer Sci. 40 (1959), 337.
SHASHOUA, V. E., und W. M. EARECKSON, J. Polymer Sci. **40** (1959), 343.
STEPHENS, C. W., J. Polymer Sci. **40** (1959), 359.
WITTBECKER, E. L., und M. KATZ, J. Polymer Sci. **40** (1959), 367.
SCHAEFGEN, J. R., F. H. KOONTZ und R. F. TIETZ, J. Polymer Sci. **40** (1959), 377.
SUNDET, S. A., W. A. MURPHEY und S. B. SPECK, J. Polymer Sci. **40** (1959), 389.
EARECKSON, W. M., J. Polymer Sci. **40** (1959), 399.
LYMAN, D. J., und S. LUP YUNG, J. Polymer Sci. **40** (1959), 407.

[2] WHITFIELD, R. E., L. A. MILLER und W. L. WASLEY, Textile Res. J. **31** (1961), 704.

[3] FONG, W., R. E. WHITFIELD, L. A. MILLER und A. H. BROWN, Amer. Dyestuff Repor. **51** (1962), 325.

[4] WHITFIELD, R. E., L. A. MILLER und W. L. WASLEY, Textile Res. J. **32** (1962), 743.

[5] WHITFIELD, R. E., L. A. MILLER und W. L. WASLEY, Textile Res. J. **33** (1963), 440.

[6] WHITFIELD, R. E., L. A. MILLER und W. L. WASLEY, Textile Res. J. **33** (1963), 752.

[7] WASLEY, W. L., R. E. WHITFIELD, L. A. MILLER und R. Y. KODANI, Textile Res. J. **33** (1963), 1029.

[8] FONG, W., J. F. ASH und L. A. MILLER, Amer. Dyestuff Repor. **52** (1963), 33.

[9] WASLEY, W. L., R. E. WHITFIELD und L. A. MILLER, Textile Res. J. **34** (1964), 736.

[10] SCHWYZER, R., B. INSELIN und M. FEURER, Helv. Chim. Acta **38** (1955), 69.

[11] WIELAND, TH., W. SCHÄFER und E. BOKELMANN, Liebigs Ann. Chem. **573** (1951), 99.

[12] BODANSZKY, M., Nature **175** (1955), 685.

[13] BODANSZKY, M., Acta Chim. Acad. Sci. Hung **10** (1957), 335.

[14] FARRINGTON, G. J., G. W. KENNER und I. M. TURNER, Chem. and Ind. 601 (1955).

[15] PLESS, J., und R. A. BOISSONNAS, Helv. Chim. Acta **46** (1963), 1609.

[16] ANDERSON, G. W., J. E. ZIMMERMANN und F. M. CALLAHAN, J. Amer. Chem. Soc. **86** (1964), 1839.

[17] NEFKENS, G. H. L., G. I. TESSER and R. J. F. NIVARD, Recueil **81** (1962), 683.

[18] ZAHN, H., F. SCHADE und E. SIEPMANN, Leder **14** (1963), 299.

[19] Zahn, H., und F. Schade, Angew. Chem. **75** (1963), 377.
[20] Schnell, J., F. Schade und H. Zahn, Sixth International Congress of Biochemistry, New York (1964).
[21] Zahn, H., H. K. Rouette und F. Schade, IIIe Congrés International de la Recherche Textile Lainière (Cirtel), Paris 1965, Section 2, S. 495 (1966), Institut Textile de France; vgl. auch Diplomarbeit Rouette, H. K., TH Aachen (1964).
[22] Wieland, Th., und H. Bernhard, Liebigs Ann. Chem. **572** (1951), 190.
[23] Boissonnas, R. A., Helv. Chim. Acta **34** (1951), 874.
[24] Vaughan jr., J. R., und R. L. Osato, J. Amer. Chem. Soc. **74** (1952), 676.
[25] Albertson, N. F., Organic Reactions **12**, S. 157.
[26] Khorana, H. G., Chem. Reviews **53**, (1953), 145.
[27] Sheehan, J. C., und G. P. Hess, J. Amer. Chem. Soc. **77** (1955), 1067.
[28] Zahn, H., und F. Schade, Chem. Ber. **96** (1963), 1747.
[29] Morgan, P. W., und S. L. Kwolek, J. Polymer Sci. **62** (1962), 33.
[30] Zahn, H., und F. Wolf, Melliand Textilber. **32** (1951), 317.
[31] Staudinger, H., Z. Elektrochem. angew. physik. Chem. **49** (1943), 7; vgl. auch Ber. dtsch. chem. Ges. **67** (1934), 1242.
[32] Kuhn, W., Kolloid-Z. **62** (1933), 269; **68** (1934), 2; Angew. Chem. **49** (1936), 858; **51** (1938), 642.
[33] Houwink, R., J. prakt. Chem. **157** (1940), 15.
[34] Morgan, P. W., und S. L. Kwolek, J. Polymer Sci., Part A 1 (1963), 1147.
[35] Schulz, G. V., und F. Blaschke, J. prakt. Chem. **158** (1941), 130.
[36] Huggins, M. L., Ind. Eng. Chem. **35** (1943), 980.
[37] Dowling, C. M., und W. G. Crewther, Anal. Biochem. 8 (1964), 244.
[38] Waltz, J. E., und G. B. Taylor, Anal. Chem. **19** (1947), 448.
[39] Standardverfahren zur Prüfung des Filzverhaltens von Wollgarnen durch einen Waschtest, Z. ges. Textilind. **66** (1964), 358; vgl. auch Henning, H.-J., Melliand Textilber. **44** (1963), 189, 288.
[40] Nefkens, G. H. L., Privatmitteilung.
[41] Harris, M., und A. Smith, Amer. Dyestuff Repor. **25** (1936), 542; vgl. auch »Spezifikationen für Test-Methoden«; Internationale Wollvereinigung, Techn. Ausschuß, Herausgegeben vom Internat. Woolsecretar., London (1960).
[42] Lees, K., und F. F. Elsworth, Proc. Int. Wool Text. Res. Conf. Australia, Vol. **C** (1955), 363.
[43] Gerthsen, T., Techn. Komitee der Intern. Wollvereinigung, Oslo, Rapport Nr. 12 (1962); vgl. auch Rapport Nr. 16, Paris (1964).
[44] Elliot, D. F., und D. W. Russel, Biochem. J. **66** (1957), 49 P.
[45] Rothe, M., und F. Kunitz, Liebigs Ann. Chem. **609** (1957), 88.

GPSR Compliance
The European Union's (EU) General Product Safety Regulation (GPSR) is a set of rules that requires consumer products to be safe and our obligations to ensure this.

If you have any concerns about our products, you can contact us on

ProductSafety@springernature.com

In case Publisher is established outside the EU, the EU authorized representative is:

Springer Nature Customer Service Center GmbH
Europaplatz 3
69115 Heidelberg, Germany

www.ingramcontent.com/pod-product-compliance
Ingram Content Group UK Ltd.
Pitfield, Milton Keynes, MK11 3LW, UK
UKHW061658190726
13853UKWH00008B/2269
9783663066651